EIN FOHLEN VON DER EIGENEN STUTE

EIN HANDBUCH FÜR ANGEHENDE HOBBYZÜCHTER

(Foto: tierfotoagentur.de/Alexa P.)

Karin Kattwinkel

EIN FOHLEN VON DER EIGENEN STUTE

EIN HANDBUCH FÜR ANGEHENDE HOBBYZÜCHTER

CADMOS

Haftungsausschluss
Die Autorin, der Verlag und alle anderen an diesem Buch direkt oder indirekt beteiligten Personen lehnen für Unfälle oder Schäden jeder Art, die aus in diesem Buch dargestellten Übungen entstehen können, jegliche Haftung ab.
In diesem Buch sind einige Reiter abgebildet, die ohne splittersicheren Kopfschutz reiten. Dies ist nicht zur Nachahmung zu empfehlen! Achten Sie immer auf die entsprechende Sicherheitsausrüstung für sich selbst: feste Schuhe und Handschuhe bei der Bodenarbeit sowie Reithelm, Reitstiefel/-schuhe, Reithandschuhe und gegebenenfalls Sicherheitsweste beim Reiten.

IMPRESSUM

CADMOS im CADMOS Verlag

unveränderter Nachdruck 2022

Satz: Pinkhouse Design, Wien
Titelgestaltung und Layout: www.ravenstein2.de
Coverfoto: C. Slawik
Fotos im Innenteil: Dallmer, Dr. Ende, www.fotolia.com, Hengststation Kretschmer, R. Kallenbach, K. Kattwinkel, D. Mette, MSD Tiergesundheit, N. Sachs, D. Schäfer, C. Slawik, www.tierfotoagentur.de
Grafiken: M. Mähler
Lektorat: C.-M. Ossapofsky

Druck: www.graspo.com

Deutsche Nationalbibliothek – CIP-Einheitsaufnahme
Die Deutsche Nationalbibliothek verzeichnet diese Publikation in der Deutschen Nationalbibliografie; detaillierte bibliografische Daten sind im Internet über http://dnb.ddb.de abrufbar.

Printed in EU

ISBN: 978-3-8404-1513-5

INHALT

8 .... *Vorwort*

11 .... *Wichtige Überlegungen vorab*
11 .... Voraussetzungen bei Stall und Umfeld
14 .... Wenn Sie Ihr Fohlen später verkaufen möchten
14 .... Voraussetzungen bei der werdenden Mutter
17 .... Wie finden Sie den richtigen Vater?
18 .... Am Anfang steht die Bürokratie

23 .... *Ein bisschen Tierzüchtungslehre*
23 .... Die Sache mit den Genen
24 .... Die Sache mit der Größe
24 .... Aufklärung für Pferdebesitzer
32 .... Was Sie sonst noch beachten müssen
34 .... Pferdesex auf Bestellung
38 .... Welche Kosten kommen auf Sie zu?
38 .... Was tun bei Deckverletzungen?

41 .... *Neues Leben entsteht*
41 .... Die Befruchtung
41 .... Hat es geklappt?
42 .... So entwickelt sich das Fohlen
43 .... Wenn die Stute nicht tragend wird
45 .... Mögliche Komplikationen während der Trächtigkeit
46 .... Gründe für ein nicht ansteckendes Verfohlen
47 .... Maßnahmen bei einem Virusabort
48 .... Manchmal sind es zwei
49 .... Die Haltung der hochtragenden Stute

51 .... *Das große Ereignis rückt näher*
51 .... Letzte Vorbereitungen
52 .... Wurmkur
53 .... Ruhe ist oberstes Gebot
54 .... Anzeichen der bevorstehenden Geburt
54 .... Der normale Ablauf
57 .... Künstliche Einleitung der Geburt

59 .... *Der neue Erdenbewohner ist endlich da*
59 .... Die Versorgung des Neugeborenen
60 .... Glückliche Momente: Mutter und Kind lernen sich kennen
61 .... Unterdrückung war noch nie eine gute Erziehungsmethode
62 .... Wenn die Stute über ihr Mutterglück die guten Manieren vergisst
62 .... Wenn bei der Geburt etwas schiefgeht

67 .... *Wenn die erste Aufregung vorüber ist*
67 .... Ist das Fohlen gesund?
68 .... Natürliche Schluckimpfung
69 .... Achten Sie auf Sauberkeit
69 .... Kein Grund zur Sorge: Kotfressen in den ersten Tagen
69 .... Wann müssen Sie Milch zufüttern?
70 .... Unverträglichkeit der Biestmilch
71 .... Euterentzündung
72 .... Wenn die Stute stirbt
73 .... Noch ein Fohlen im nächsten Jahr?

75 .... *Die wichtigsten Fohlenkrankheiten*
75 .... Darmpechverhalten
77 .... Fohlenlähme
78 .... Durchfall
80 .... Spätlähme
80 .... Nabelentzündung
80 .... Nabelbruch
80 .... Blasenriss
81 .... Fohlenhusten

81 .... Lungenentzündung
81 .... Druse
82 .... Unfälle

87 .... *Wie füttern Sie richtig?*
89 .... Hochträchtigkeit – jetzt braucht die Stute mehr Futter!
90 .... Jetzt sind es zwei – doppelte Ration?

93 .... *Die Kinderstube prägt das ganze Leben*
93 .... Noch einmal ein bisschen Bürokratie
96 .... Die Aufzucht – soziale Kontakte prägen den Charakter
97 .... Wann zahnt das Fohlen?
98 .... Wurmkuren
100 .... Schutzimpfungen
100 .... Das A und O: frische Luft, Sonne und viel Bewegung
102 .... Der Auslauf
102 .... Das muss jedes Fohlen lernen
104 .... Reiten mit oder ohne Fohlen?
105 .... Hufpflege
106 .... Huf- und Stellungsfehler
109 .... Wann muss das Fohlen zugefüttert werden?
112 .... Damit aus dem Absetzen kein Trauma wird

117 .... *Grundlagen einer erfolgreichen Aufzucht*
117 .... Gönnen Sie Ihrem Liebling die Freiheit der Weide
119 .... Welche Faktoren beeinflussen das Wachstum des Fohlens?
121 .... Wann wird das Fohlen geschlechtsreif?
121 .... Wie wächst das Fohlen?
122 .... So erkennen Sie, was aus Ihrem Fohlen wird

124 .... *Wichtige Adressen*

(Foto: R. Kallenbach)

VORWORT

Ein eigenes Fohlen entstehen, leben und wachsen zu sehen, ist wohl das schönste Erlebnis, das einem als Pferdefreund widerfahren kann.

Aber es bedeutet auch, eine große Verantwortung zu übernehmen. Damit Sie es in vollen Zügen genießen können, möchte Ihnen dieses Buch die Sicherheit des nötigen Fachwissens geben. Ich möchte Ihnen eine echte Basis für sichere Entscheidungen bieten und Ihnen vor allem dabei helfen, mögliche Fehlerquellen zu erkennen und von vornherein abzustellen – zum Wohle der Entwicklung Ihres Lieblings und zu Ihrer eigenen Freude.

Seien Sie ehrlich zu sich selbst! Wägen Sie vor allem sehr sorgfältig ab, ob die geliebte Stute auch unter züchterischen Gesichtspunkten wirklich Mutter werden sollte.

Viel zu oft werden frühzeitig „verschlissene" oder unreitbare Stuten zur Zucht genutzt, nach dem Motto: „Wenn ich sie schon nicht mehr reiten kann, dann soll sie wenigstens noch ein Fohlen bekommen".

Da viele Probleme auch eine erbliche Ursache haben können, ist dies natürlich gleichbedeutend mit einer Negativauslese. Die Schwierigkeiten mit dem Pferdenachwuchs sind dann oft schon vorprogrammiert.

Auch selbst kreierte „Rassemixe" haben es oft schwer im späteren Leben, sei es, weil ihr Exterieur selten gute Reitpferdeeigenschaften aufweist oder weil ganz unterschiedliche Herkunftsländer der Elterntiere Ursache von Stoffwechselproblemen sein können.

Leider erweist sich auch die Idee, aus der eigenen Stute einen Nachkommen zu ziehen, um auf diese Weise günstig an ein gutes Pferd zu kommen, nicht selten als Trugschluss. Die Trächtigkeit der Stute und die Aufzucht eines Fohlens verlangen bei aller Freude, die damit verbunden ist, sehr viel Sorgfalt, Geduld und Sachkenntnis, aber auch Geld und Zeit. Auch ein gewisses Maß an Leidensfähigkeit (denn Rückschläge und Enttäuschungen gehören nun einmal zum Züchteralltag) und das Verständnis Ihrer Familie beziehungsweise Ihres Partners sind gefordert.

Bedenken Sie: Fehler, die in den ersten Lebensmonaten eines Pferdes gemacht werden, beeinflussen sein ganzes Leben. Seien Sie sich dessen bewusst, dass es gut vier Jahre dauert, bis aus dem Pferdekind ein Reitpferd werden kann.

Bei keiner Tierart sind die Aufzuchtbedingungen für seine spätere Nutzung so wichtig wie beim Pferd. Hier werden die Weichen gestellt für die Ausbildung seines Skeletts und für seine Konstitution, die letztendlich seine Eignung als Sport- oder Freizeitpferd bestimmen. Ungünstige Aufzuchtbedingungen können Ursprung späterer gesundheitlicher Probleme sein, die eine aussichtsreiche Karriere vorzeitig beenden. Entscheidend für die psychische Entwicklung des Pferdenachwuchses ist ein pferdegerechtes Umfeld. Dazu gehören genügend Platz und ausreichende Weideflächen, aber auch die entsprechende Pferdegesellschaft möglichst in gemischten Altersgruppen, auf jeden Fall aber gleichaltrige Spielkameraden. Eine einzelne Stute mit Fohlen hinter dem Haus zu halten hat nichts mit Tierliebe zu tun, sondern ist bloßer Egoismus.

Herz, Verstand und eine stets wache Aufmerksamkeit sind weitere wichtige Grundvoraussetzungen, die Sie als Aufzüchter oder Aufzüchterin mitbringen sollten. So sollten Sie den Pferden eine Leitpersönlichkeit sein. Nur dann können Sie deren Charakter formen und das Pferdekind zu einer angenehmen Pferdepersönlichkeit heranreifen lassen. Allzu oft kommt bei aller Liebe die Konsequenz, mit der insbesondere das heranwachsende Pferd behandelt werden muss, zu kurz. Der Mensch muss eindeutig die Führungsrolle übernehmen und in jeder Situation ohne Kompromisse respektiert werden, ohne dass dabei Grobheit oder gar Gewalt vonnöten wären. Das Pferd bleibt untergeordnetes Herdenmitglied, eine Rolle, in der sich das Herdentier Pferd durchaus wohlfühlt, gibt sie ihm doch Sicherheit und Geborgenheit. Nicht zuletzt sollten Sie ehrlich erkennen können, wo Ihre Grenzen liegen. Scheuen Sie sich nicht, wenn nötig, kompetenten Rat und Hilfe zu holen.

Viel Spaß beim Lesen und alles Gute für Ihre Pferde wünscht Ihnen

Karin Kattwinkel

(Foto: C. Slawik)

WICHTIGE ÜBERLEGUNGEN VORAB

Voraussetzungen bei Stall und Umfeld

Nicht jede Haltungsform, die für Reitpferde, „Pferde-Rentner" oder Jungpferde ideal ist, eignet sich auch für Zuchtstuten und ihre Fohlen. Im letzten Drittel der Trächtigkeit brauchen Stuten zunehmend Ruhe und einen ungestörten Rückzugsbereich. Außerdem sollten tragende Stuten grundsätzlich nicht ständig Kontakt mit neuen Pferden und großem Publikumsverkehr haben, da eine erhöhte Infektionsgefahr besteht.

Zum Abfohlen wird ein sauberer, abgetrennter Bereich mit reichlich Stroheinstreu benötigt, der gut zu überwachen ist. Auch bei Robustrassen kann Hilfe notwendig werden, und ein matschiger Gemeinschaftsauslauf ist nicht geeignet für eine Geburt.

Die Weide ist zwar unter hygienischen Gesichtspunkten ideal, aber schlecht zu überwachen. Außerdem beschützen insbesondere Erstlingsstuten ihre Fohlen oft eifersüchtig vor neugierigen Herdenmitgliedern und Menschen. Eine geräumige Einzelbox gibt ihnen während dieser wichtigen Prägungsphase zwischen Mutter und Kind die nötige Ruhe und Sicherheit. Sperren Sie jedoch eine herdengewohnte Stute nicht ohne Sichtkontakt zu den anderen ein. Das verursacht ihr zu viel Stress!

In einer Gruppe mit mehreren Mutterstuten ist das Abfohlen in der Herde meist kein Problem, vor allem wenn erfahrene Fohlenstuten dabei sind. Der Liegebereich muss groß genug und gut zugänglich sowie zu beleuchten sein.

Wenn Sie also Ihrer Stute keinen geeigneten Abfohlbereich und keinen Einzelauslauf für die ersten Wochen bieten können, sollten Sie die werdende Mutter lieber einem erfahrenen Züchter anvertrauen. Hier findet Ihr künftiges Fohlen auch gleichaltrige Spielgefährten, mit denen es artgerecht aufwachsen kann.

Natürlich liegt bei den meisten Gelegenheitszüchtern der Idee, ein eigenes Fohlen zu haben, auch der Wunsch zugrunde, es aufwachsen zu sehen und ganz für sich zu haben. Doch sollte Ihnen das Wohl von Mutter und Kind wichtiger sein als die Erfüllung der eigenen Träume.

Vielleicht lassen sich ja auch gute Kompromisse schließen, und Sie bauen Ihre Pferdeanlage entsprechend um. Oder ein befreundeter Pferdehalter in der Nähe hat den gleichen Wunsch und Sie können sich zusammenschließen?

Wichtig sind in jedem Fall qualitätvolle große Weideflächen. Im Sommer gehört ein junges Pferd auf die Weide, und zwar Tag und Nacht! Schon allein aus diesem Grund sind auch die meisten reinen Reitställe für züchterische Ambitionen nicht geeignet.

Hinweis:
Achten Sie darauf, dass es in der Umgebung von Stute und Fohlen keine Gefahrenquellen gibt:

- *Keine hervorstehenden Nägel*
- *Keine scharfen Kanten*
- *Keine schmalen Ritzen (auch unter Abtrennungen und Türen)*
- *Keine Heuraufen, in denen die schmalen Hufe des Fohlens hängen bleiben können.*

Die wichtigsten Fragen für Einsteiger:

- **Was soll Ihr Fohlen werden?**
Wollen Sie ein Springpferd, Dressurtalent oder familiengerechtes Freizeitpferd? Setzen Sie sich ein Zuchtziel und suchen Sie die Eltern gezielt danach aus.
- **Behalten oder verkaufen?**
Wollen Sie Ihren Pferdenachwuchs selber reiten? Können Sie ihn alleine ausbilden? Wollen Sie ihn als Absetzer verkaufen oder erst als erwachsenes Pferd?
- **Reicht der Platz?**
Sind Stall und Weide für eine Zuchtstute geeignet?
- **Haben Sie genug Zeit?**
Stute und Fohlen brauchen nicht weniger Zeit als ein Reitpferd – im Gegenteil!
- **Reicht Ihr Fachwissen?**
Wissen Sie genug über Pferdezucht? Oder sind Sie zumindest bereit, sich die nötige Fachkenntnis anzueignen?
- **Besitzen Sie Durchhaltevermögen?**
Pferdezucht verlangt Stehvermögen. Erfolge brauchen ihre Zeit, Rückschläge gibt es so sicher wie das Amen in der Kirche. Es vergehen Jahre, bis aus Ihrem Traum ein erwachsenes Pferd wird.
- **Reicht das Geld?**
Der Versuch zu züchten kann ganz schön ins Geld gehen. Ein Weg, um billig an ein gutes Pferd zu kommen, ist er nicht! Kalkulieren Sie auf jeden Fall Rücklagen für etwaige zusätzliche Tierarztkosten und Ähnliches mit ein.
- **Wie steht Ihre Familie zu Ihren Zuchtambitionen?**
Keine ganz unwesentliche Frage, wenn diese nicht ebenso pferdebegeistert ist wie Sie selbst.

Was kostet das eigene Fohlen?

Bis zum Absetzen müssen Sie etwa mit mindestens folgenden Kosten rechnen, wenn alles glatt geht:

Versicherung Stute und Fohlen	220,- Euro
Futterkosten:	
• 10 dt Kraftfutter à 15,50 Euro	155,- Euro
• 10 dt Heu à 12,- Euro	120,- Euro
• 20 dt Stroh à 8,- Euro	160,- Euro
• 0,5 dt Ergänzungsfutter à 160,- Euro	80,- Euro
Summe Futterkosten	**515,- Euro**
Weidekosten (Zaun, Dünger)	100,- Euro
Decktaxe	ab 500,- Euro
Transporte	100,- Euro
Strom, Wasser	40,- Euro
Hufpflege Stute und Fohlen	480,- Euro
Betrag Zuchtverband	70,- Euro
Tierarztkosten	
• Tupferprobe und Untersuchung	90,- Euro
• Follikelkontrolle und Ultraschall	95,- Euro
• Trächtigkeitsuntersuchung	35,- Euro
• Impfungen	250,- Euro
• Neugeborenenuntersuchung	50,- Euro
• Entwurmung Stute und Fohlen	240,- Euro
• Sonstige Tierarztkosten	100,- Euro
Summe Tierarztkosten	**860,- Euro**
Summe aller Kosten	**2.885,- Euro**
Professionelle Züchter müssen dazu noch berücksichtigen:	
Wert der Stute	(5.000,- Euro)
10 Nutzungsjahre (betriebswirtschaftlicher Restwert 1.000,- Euro)	400,- Euro
AfA (amtliche Tabelle für Abschreibungen) + Unterhaltung Stall/Anlage	820,- Euro
Lohnanspruch (120 Arbeitsstunden à 10,- Euro)	1.200,- Euro
Kosten für das Fohlen gesamt	5.305,- Euro

Unvorhergesehene Kosten, zum Beispiel eine Krankheit oder Verletzung, können die Kosten schnell in die Höhe treiben.

Wenn Sie Ihr Fohlen später verkaufen möchten

Dann sollten Sie bei der Auswahl von Stute und Hengst besonders kritisch sein. Erfüllt das Fohlen große Erwartungen an Ausstrahlung und Exterieur, so können Sie es meist ohne großen Aufwand allein durch „Mund-zu-Mund-Propaganda" verkaufen.

Andere Möglichkeiten sind Inserate im Internet oder in Fachzeitschriften beziehungsweise auf den Fohlenauktionen der Zuchtverbände. Für die Auktionen wird in der Regel streng selektiert. Am besten erkundigen Sie sich beim zuständigen Verband.

Voraussetzungen bei der werdenden Mutter

DAS BESTE IST GERADE GUT GENUG

Versuchen Sie möglichst objektiv zu sein, um zu entscheiden, ob eine Karriere als Mutter wirklich das Richtige für Ihre Stute ist. Sie selbst wie auch ein eventueller Käufer werden an einem guten, gesunden und leistungsbereiten Pferd sicher mehr Freude haben als an einem, das durch das, was ihm die Natur mitgegeben oder auch nicht mitgegeben hat, benachteiligt ist.

50 Prozente seiner Gene, aber 100 Prozent seines erworbenen Verhaltens bekommt das Fohlen von seiner Mutter. Deshalb sollten Zuchtstuten einen einwandfreien Charakter haben und nach Möglichkeit keine Untugenden wie Weben, Koppen, Schlagen zeigen. Nicht nur, weil solche Eigenschaften unter Umständen vererbbar sind. Viel entscheidender ist das schlechte Beispiel für das Fohlen. Außerdem besteht immer die Gefahr, dass die Stute bei einem überschießenden Temperamentsausbruch das Fohlen verletzt.

Selbstverständlich muss die Stute organisch gesund sein. Ist ein Pferd aus gesundheitlichen Gründen nicht mehr reitbar, weil es zum Beispiel chronisch lahmt oder hustet, so sollten Sie in jedem Fall einen Tierarzt zurate ziehen, der die Frage beantworten kann, ob diese Probleme möglicherweise vererbbar sind. In diesem Fall müssen Sie sich als verantwortungsbewusster Pferdebesitzer wohl oder übel von der Idee, mit einer solchen Stute zu züchten, verabschieden.

Das gilt ebenso, wenn Trächtigkeit, Geburt und Säugezeit die bereits angegriffene Gesundheit der Stute noch weiter beeinträchtigen.

Es gibt jedoch auch nicht vererbbare Mängel, die den Einsatz der Stute zur Zucht beeinflussen können. Ist eine Stute infolge eines Unfalls oder durch falsche Haltung oder Nutzung unreitbar geworden, dann sollte ein erfahrener Tierarzt klären, ob der Stute eine Belastung durch Trächtigkeit, Geburt und Fohlenaufzucht zuzumuten ist.

(Foto: N. Sachs)

Das Gleiche gilt für Stuten, die schon in die Jahre gekommen sind. Hat die Stute in jungen Jahren bereits einmal ein Fohlen bekommen, so ist ein später Wiedereinstieg in die Zucht sicher problemlos möglich. Stuten, die das erste Mal Mutter werden, sollten möglichst nicht älter als 16 Jahre sein.

Im Hinblick auf die Geschlechtsgesundheit können Sie das Euter sowie den Genitalbereich selbst untersuchen. Das Euter muss symmetrisch aussehen und zwei gleiche Zitzen haben. Achten Sie beim Betrachten der Scham auf Stellung (eventueller Hinweis auf Gebärmuttersenkung) und festen Schluss (ansonsten Gefahr von Keimbefall durch Verschmutzung).

Pferde mit starken Rückenproblemen (vor allem bei Blockierungen der Lendenwirbelsäule) haben oft nervale Reizleitungsstörungen, die zu mangelnder Sensibilität im After- und Schambereich führen können.

Damit verbunden sein können eine Vielzahl von Problemen im Beckenbereich (von Kolikneigung über Koordinationsstörungen der Hinterhand, Blasenproblemen, Zyklusstörungen bis hin zur Schwierigkeit, das Becken abzukippen).

Ob Ihre Stute betroffen ist, können Sie mit einem Stäbchen oder mit einem festen Strohhalm leicht selbst testen. Bei spontanem „Kitzeln" in der After- und Schamregion erfolgt bei gesunden Pferden eine deutlich sichtbare Reaktion wie deutliches Hautzucken oder Zusammenziehen des Afterschließmuskels. Ist dies nicht der Fall, wäre ein guter Osteopath Ihr Ansprechpartner. Achtung: Stehen Sie für diesen Selbsttest bitte in jedem Fall seitlich neben der Hinterhand für den Fall, dass die Reaktion der Stute „sehr deutlich" ausfällt. Die Untersuchung der inneren Geschlechtsorgane bleibt dem Tierarzt überlassen.

Nicht ausgewachsene Stuten bringen oft kleine und schwächliche Fohlen zur Welt. Hinzu kommt, dass sich dann die Muttertiere selbst nicht richtig weiterentwickeln, denn das unreife Knochengerüst der Stute wird dann doppelt belastet: durch das Gewicht des Fohlens samt Fruchtwasser und durch die nur mangelhafte weitere Verkalkung, denn die reife Frucht hat immer noch höhere Priorität.

Auch über eine optimale Mineralstoffversorgung durch die Fütterung sind diese Probleme nicht abzufangen! Die Folgen dieser Praxis treten meist erst später zu Tage, beispielsweise wenn solche Stuten für sportliche Zwecke genutzt werden und dann schneller verschleißen.

Deshalb sollten Sie Ihre Stute nicht vor dem dritten Lebensjahr decken lassen. Bei spätreifen Robustpferderassen, wie beispielsweise Isländern, sollten Sie sich noch ein weiteres Jahr Zeit lassen. Erfahrene Züchter lassen allerdings oftmals zu stark wachsende Stuten bereits zweijährig belegen, weil sich das Größenwachstum während der Trächtigkeit in der Regel verlangsamt.

Wie finden Sie den richtigen Vater?

Schauen Sie sich den Auserwählten wenn irgend möglich live an. Nur so bekommen Sie wirklich einen Eindruck von Gebäude, Temperament, Ausstrahlung, Verhalten und Rittigkeit. Ist die Entfernung zu groß, sollten Sie den Hengsthalter zumindest um eine Videoaufnahme bitten. Empfehlenswert ist auch die Besichtigung bereits vorhandener Nachzucht.

Manche Hengste vererben ihren eigenen Typ konsequent weiter, auch mit unterschiedlichen Stuten. Andere machen Fohlen, die immer mehr Ähnlichkeit mit der Mutter haben. Wieder andere bringen vorwiegend Mischungen. So können Sie wichtige Informationen gewinnen, wenn Sie kleine Fehler Ihrer Stute korrigieren wollen oder am liebsten ein genaues Abbild von ihr haben möchten.

Gegen einen einzigen deutlichen Mangel, wie beispielsweise einen etwas zu schweren Kopf bei der Stute, können Sie durch die Wahl des richtigen Hengstes (elegantes Köpfchen) gegenhalten. Doch viele kleine Mängel bei der Stute lassen sich kaum durch ein entsprechendes Vatertier ausgleichen. Deshalb ziehen die erfolgreichen großen Züchter immer das Pferd mit einem eklatanten Mangel und dafür aber auch mehreren Highlights dem solideren Pferd mit zahlreichen kleinen Fehlern vor.

Bei der Wahl des zukünftigen Fohlenvaters sollten Sie folgende wichtige Gesichtspunkte beachten:

1. Betrachten Sie nicht den Hengst für sich, sondern überlegen Sie im Vorhinein, wie Ihr zukünftiges Pferd aussehen soll und für welchen Zweck Sie es haben möchten. Passt er wirklich zu Ihrer Stute oder sind die beiden so grundverschieden, dass daraus auch ein disharmonisches Wesen entstehen könnte?
2. Vergleichen Sie die Abstammung des Hengstes mit der Ihrer Stute. Gleiche Vorfahren sollten frühestens in der dritten Generation auftauchen. Inzucht und Linienzucht, bei denen das Verwandtschaftsverhältnis bewusst enger gewählt wird, sind nur etwas für Profis.
3. Der Hengst sollte möglichst dort besondere Stärken haben, wo die Stute Schwächen aufweist. Zwar ist es nicht so, dass das Fohlen dann in diesen Punkten eine durchschnittlich gleiche Menge väterlicher und mütterlicher Anlagen erhält, aber die Wahrscheinlichkeit, dass es in diesem Merkmal positiv wird, ist doch größer, wenn der Hengst in diesen Punkten nicht ebenfalls eine Schwäche aufweist.
4. Betrachten Sie unbedingt auch den Charakter und das Temperament des ausgewählten Deckhengstes. Für eine eher nervige Stute sollten Sie nach Möglichkeit einen ruhigen, ausgeglichenen Hengst wählen. Ablehnen sollten Sie auf jeden Fall Vatertiere mit Charaktermängeln und offensichtlichen Untugenden.

Doch solche Experimente sollte man nur wirklichen Könnern im Zuchtgeschehen überlassen. Dazu gehören eine Menge Erfahrung und der „richtige Riecher", wie man so schön sagt.

Nutzen Sie die Besichtigung des zukünftigen Fohlenvaters auch, um sich vor Ort ein Bild über die Haltungs- und Fütterungsbedingungen für Ihre Stute zu machen. Sind der sorgfältige Umgang und eine gewissenhafte Deckhygiene sichergestellt?

Scheuen Sie sich nicht, entsprechende Fragen zu stellen und den Stutenstall sowie Auslaufmöglichkeiten und den Deckstand zu begutachten. Ein verantwortungsbewusster Hengsthalter wird Verständnis für Ihre (Für-)Sorge haben. Schon aus diesem Grund lohnt sich auch eine weitere Fahrt. Nicht, dass Sie später mit der Stute auf dem Anhänger dastehen und sich fragen, ob Sie überhaupt ausladen oder lieber gleich wieder fahren sollen!

Ist Ihre Stute im Stutbuch eines Zuchtverbandes eingetragen und möchten Sie ein Fohlen der gleichen Zuchtrichtung, so müssen Sie sich für einen eingetragenen Deckhengst der Landespferdezucht entscheiden. Der betreffende Zuchtverband wird Ihnen mitteilen, welche Hengste auf welchen Deckstationen aufgestellt sind.

Ein Verzeichnis von Privatzüchtern und Hengsthaltern, deren Pferde Züchterprämien erhielten, finden Sie im jeweiligen „Jahrbuch für Pferdeleistungsprüfungen" der Deutschen Reiterlichen Vereinigung (FN).

Auch im Internet finden Sie Hengstverteilungspläne und Übersichten über den Hengstbestand der Landgestüte. Hier können Sie auch direkt die jeweiligen Homepages aufrufen.

Nehmen Sie den zukünftigen Vater auf jeden Fall persönlich in Augenschein. Fotos können täuschen! (Foto: tierfotoagentur.de/C. Demmelbauer-Ebner)

Am Anfang steht die Bürokratie

Auch wenn Sie vorhaben, Ihren Youngster auf jeden Fall zu behalten, ist es sinnvoll, Papiere für den Nachwuchs zu haben.
Wer weiß schon, ob im Laufe der Jahre nicht doch Umstände eintreten, die einen

Verkauf erforderlich machen. Oder vielleicht wollen Sie mit dem Nachwuchs auf Turnieren starten. Papiere erhalten nur Nachkommen von registrierten Stuten und einem für die Zucht zugelassenen (gekörten) Hengst.

In Deutschland unterscheidet man die in einem Zuchtverband eingetragenen Stuten nach Vorbuch-, Stutbuch- und Hauptstutbuchstuten. Dies ist abhängig davon, wie weit die Abstammung nachgewiesen werden kann. Hoch prämierte Pferde werden „Elitestuten" oder „Staatsprämienstuten" genannt. Die entsprechenden Regelungen variieren von Zuchtverband zu Zuchtverband.

In den meisten Zuchtverbänden erfolgt eine Eintragung der Stuten anlässlich einer Schau mit Beurteilung von Körperbau (Exterieur), Gangwerk und Temperament (Interieur).

Damit erhalten Sie von einer Expertenkommission grünes Licht, zumindest für die Zuchttauglichkeit Ihrer Stute. Halten Sie diesen Aspekt nicht für überflüssig! Pferde gibt es mehr als genug. Die Preise für Hobbyzüchtungen und „Weideunfälle" liegen meist weit unter den Kosten für die Aufzucht. Wer ein solches Fohlen dann doch abgeben will oder muss, kann es eigentlich nur verschenken.

Präsentiert sich Ihr Fohlen in solch einem schwungvollen und raumgreifenden Trab. ist der Verkauf beinah schon gesichert. (Foto: tierfotoagentur.de/R. Richter)

NOTWENDIGER PAPIERKRIEG

Wollen Sie Ihre Stute decken lassen, so beantragen Sie bei Ihrem Verband einen Deckschein. Diesen müssen Sie beim Hengsthalter vorlegen beziehungsweise bei einer künstlichen Besamung vom Tierarzt oder Besamungswart ausfüllen lassen. Sobald das Fohlen geboren ist, melden Sie es dann beim Zuchtverband an.

Informationen darüber, ob und wie Sie Ihr zukünftiges Fohlen eintragen lassen können, falls Ihre Stute keine vollen Papiere hat, erhalten Sie von den Zuchtverbänden.

Unterschieden werden „rote" und „weiße Papiere". Rot ist der Fohlenschein, den Pferde erhalten, die zwei vollständige Generationen mütterlicher- wie väterlicherseits nachweisen können. Pferde, bei denen man die mütterlichen Vorfahren nicht weiter zurückverfolgen kann, erhalten weiße Papiere. Eine Hauptstutbuchstute muss rote Papiere haben. Stuten mit weißen Papieren können in der Regel nur im Vorbuch eingetragen werden. Nähere Einzelheiten dazu erteilt der jeweilige Zuchtverband. Die Adressen finden Sie am Ende des Buches.

Hinweis:
Viele Zuchtverbände bieten interessante Seminare und Fortbildungsveranstaltungen rund um die Pferdezucht an.

DIE MEISTEN RASSEN HABEN IHREN EIGENEN ZUCHTVERBAND

Neben den Landeszuchtverbänden gibt es in Deutschland noch spezielle Zuchtverbände für Spezialrassen wie zum Beispiel Araber, Trakehner, Englisches Vollblut, Traber, Isländer und viele mehr sowie für die verschiedenen Ponyzuchtverbände. Die Adressen der wichtigsten Zuchtverbände finden Sie am Ende des Buches in einer Übersicht.

Jeder Landeszuchtverband in Deutschland unterhält ein Landgestüt. Dieses wiederum hat über den ganzen Zuchtbereich verteilt Hengstdepots, also Deckstationen. Die Decksaison beginnt meist im Februar und endet im Juli. In dieser Zeit können Sie als Züchter die Hengste ohne weite Wege erreichen.

Nach dem Decken kann die Stute wieder mit nach Hause genommen werden. Wird die Stute beim ersten Mal nicht tragend, so ist der zweite Sprung für Sie kostenlos. Eine gute Informationsquelle sind auch die Mitarbeiter auf den Deckstationen. Sie sind oft über Jahrzehnte in einem Bezirk tätig und beraten zu Zuchtzielen und Eigenschaften der einzelnen Deckhengste.

Nach den geltenden Tierzuchtgesetzen müssen sämtliche Hengste, die als Deckhengste (auch Beschäler genannt) tätig werden, eine Deckerlaubnis besitzen. Dazu wählt jeder Zuchtverband Jahr für Jahr aus den besten Junghengsten wiederum die besten aus. Diese müssen einer unter staatlicher Kontrolle stehenden Körkommission vorgeführt werden und dort eine entsprechende Wertung erhalten. Bewertet werden unter anderem Exterieur, Abstammung und Leistung in Zuchtwertklassen von I bis IV. Nur wer gekört wird, ist für die Zucht zugelassen. In den Hengstleistungsprüfungen werden dann Charakter (Interieur) und Reitpferdeeignung geprüft. Aus der Vielzahl von Einzelmerkmalen wird der Schätzwert für den Zuchtindex (Zuchtwert) des Hengstes errechnet. Einfacher ist diese Zuchtwertschätzung bei Rennpferden. Hier zählt ausschließlich die Rennleistung (angegeben als Generalausgleichsgewicht – GAG). Wer durchfällt, wird abgekört, das heißt, die Zulassung zur Zucht wird wieder aberkannt. Eher die Ausnahme ist die Körung älterer Hengste aufgrund ihrer Leistungen im Turniersport.

Nicht gekörte Tiere waren früher von der Zucht ausgeschlossen. Sie mussten ohne Ausnahme kastriert werden. Aber schon seit einigen Jahrzehnten ist in Deutschland die private Hengsthaltung erlaubt. Ob diese Hengste Nachkommen erzeugen wird nicht reglementiert.

Ob Ihr Fohlen die Farbe der Mutter, des Vaters oder des Großvaters bekommt, lässt sich nicht immer mit 100-prozentiger Sicherheit vorherbestimmen. (Foto: K. Kattwinkel)

(Foto: tierfotoagentur.de/R. Richter)

EIN BISSCHEN TIERZÜCHTUNGSLEHRE

Die Sache mit den Genen

Die ererbten Eigenschaften eines Pferdes gehen in ihrer Summe nicht nur auf die Eltern, sondern ebenso, wenn auch in geringerem Umfang, auf Groß- und Urgroßeltern bis in die vierte (unter Umständen sechste) Generation zurück. Das ist bei Pferden nicht anders als bei uns Menschen und gilt für Stute und Hengst gleichermaßen. Deshalb kann die Eigenleistung eines Tieres höchstens mit zehn bis 20 Prozent in die Vererbungsüberlegungen einfließen.

Berücksichtigen Sie also immer auch die Vorfahren der Pferdeeltern. Schwierig ist das natürlich bei Pferden mit unvollständiger Ahnentafel. Hier bleibt immer ein Unsicherheitsfaktor. Umso wichtiger ist es, gerade hier einen Hengst auszusuchen, der in Typ und Größe der Stute möglichst ähnlich, aber möglichst noch korrekter im Fundament ist und dessen Leistungsveranlagung noch über der Ihrer Stute liegt. Gustav Rau, einer der größten Hippologen des 20. Jahrhunderts, hat schon vor Jahrzehnten einen wichtigen Satz geprägt: „Paare Gleiches mit Gleichem!“, was bedeutet, dass Vater und Mutter sich nicht extrem voneinander unterscheiden sollten. Insbesondere als kleiner Privatzüchter sollten Sie sich vor Experimenten à la Traber mal Kaltblut oder Ähnlichem hüten. Brauchbare Reitpferde gehen aus solchen Paarungen nur sehr selten hervor.

Natürlich kann auch eine ausgezeichnete Stute unter Umständen ein Fohlen bringen, das Ihren Ansprüchen nicht genügt. Die Mutter war dann gewissermaßen ein glücklicher Zufall aus fehlerbehafteten Eltern. „Nicht durchgezüchtet“ nennt das der Fachmann. Beim Fohlen aus einem solchen Zufallsprodukt treffen sich dann vermutlich Erbanlagen, die der hohen Qualität der Mutter nicht mehr entsprechen. Deshalb hat sich in der Pferdezucht die sogenannte Linienzucht durchgesetzt.

Darunter versteht man, dass die gewünschten Eigenschaften eines Tieres über eine längere Generationsfolge verankert sind. Der Erbgang ist also möglichst gut gesichert. Ein Beispiel: Die direkten Vorfahren eines Elterntieres hatten alle eine gute Dressurveranlagung. Diese Veranlagung wurde also von einem Tier zum anderen weitergegeben. Damit steigt die Wahrscheinlichkeit, dass auch das Elterntier eine gute Dressurveranlagung weitervererben wird. Jedoch tritt in der Sportpferdezucht vor allem durch die künstliche Besamung und den dadurch bedingten starken Einsatz nur weniger Spitzenhengste ein gegenteiliger Effekt ein, den man in der Nutztierzucht (Schweine, Hühner und so weiter) als Hybridzucht bezeichnet. Damit ist gemeint, dass durch ein spezielles Zuchtprogramm das „Endprodukt" (zum Beispiel das Hybrid-Legehuhn) die maximal erzielbare Eierlegeleistung hat. Würde man mit diesen Hybriden weiterzüchten, so würde sich in der nachfolgenden Generation die Leistung (Anzahl der Eier) wieder verschlechtern. Deshalb sind offenbar die Nachkommen international erfolgreicher Turniercracks selten so gut wie ihr berühmtes Elterntier.

Die Sache mit der Größe

Eine Ponystute von 1,25 Meter Stockmaß, gepaart mit einem Hengst von 1,45 Meter, bringt nicht unbedingt ein Fohlen von 1,35 Meter Stockmaß. Das kann so sein, muss aber nicht. Viele Züchter sagen, dass die Wahl des Hengstes entscheidend für Größe und Rahmen des Nachwuchses sei. Doch gehört schon ein wenig Erfahrung dazu, das aus dem Typ herauslesen zu können.

Wenn Sie sich beispielsweise als Ponyzüchter mit eingetragenen Stuten eine etwas größere Nachzucht wünschen, können Sie das mit größerer Sicherheit eher durch einen Araber oder einen Vollblüter als Vater als durch einen großen Ponyhengst erreichen. Angst, dass das Fohlen schon bei der Geburt zu groß für die Stute ist, brauchen Sie dabei nicht zu haben, denn in der Regel passt sich die Größe der Frucht dem Muttertier an.

Aufklärung für Pferdebesitzer

GESCHLECHTSORGANE DES HENGSTES

Von außen sichtbar sind die beiden Hoden und der Penis. Von den Hoden ziehen die beiden Samenleiter zur Harnröhre. So entsteht bis zur Austrittsöffnung am Penis ein gemeinsamer Ausführungsgang für Urin und Ejakulat. Letzteres besteht aus den Spermien und dem Samenplasma (dem Transportstoff auf dem Weg in die Eileiter).

Ein erwachsener Hengst stößt bei jedem Erguss in etwa zwischen 40 und 80 Milliliter Samen aus. Darin sind zwischen zwei und acht Milliarden Spermien enthalten.

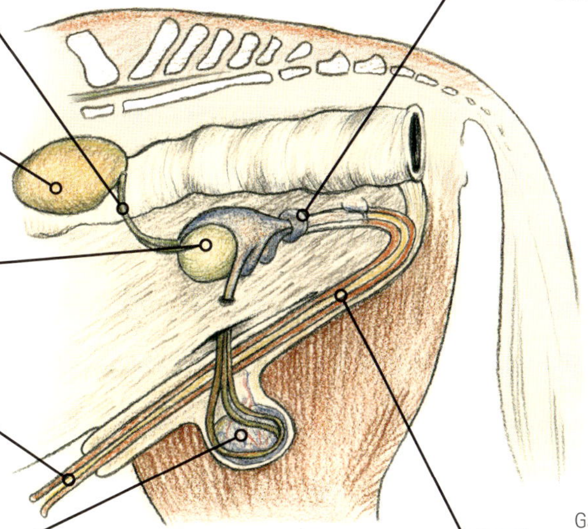

Geschlechtsorgane des Hengstes

GESCHLECHTSORGANE DER STUTE

Zu den Geschlechtsorganen der Stute gehören die Eierstöcke und der Genitaltrakt, zu dem Eileiter, Gebärmutter, Gebärmutterhals, Scheide und Scham zählen. In den Eierstöcken und der Gebärmutter sowie im Hypophysenvorderlappen (einem Teil der Hirnanhangdrüse) werden Sexualhormone gebildet, die für das Zyklusgeschehen verantwortlich sind.

Jede Stute wird bereits mit vielen tausend Eizellen in ihren Eierstöcken geboren. Ab der Geschlechtsreife entwickeln sich rund um die Eizellen Follikel, die während der Rosse größer werden. In diesen Follikeln wird das Hormon Östrogen gebildet. Beim Eisprung (auch Ovulation genannt) reißt einer dieser Follikel, und die Eizelle entweicht durch eine schwache Stelle in der Kapsel (Ovulationsgrube), die den Eierstock umschließt. Die Auskleidung des Follikels blutet, und an der Stelle, an der zuvor die Eizelle saß, bildet sich ein Blutknötchen. Sogenannte Luteinzellen, das sind besondere Zellen in der Follikelschleimhaut, wachsen in das Knötchen hinein und formen den Gelbkörper. Dieses Gewebe produziert das Hormon Progesteron (auch Schwangerschaftsschutzhormon genannt). Der Gelbkörper ist also zwischen zwei Rossen aktiv (während des Diöstrus).

Die Eileiter verbinden Eierstöcke und Gebärmutter und öffnen sich jeweils an

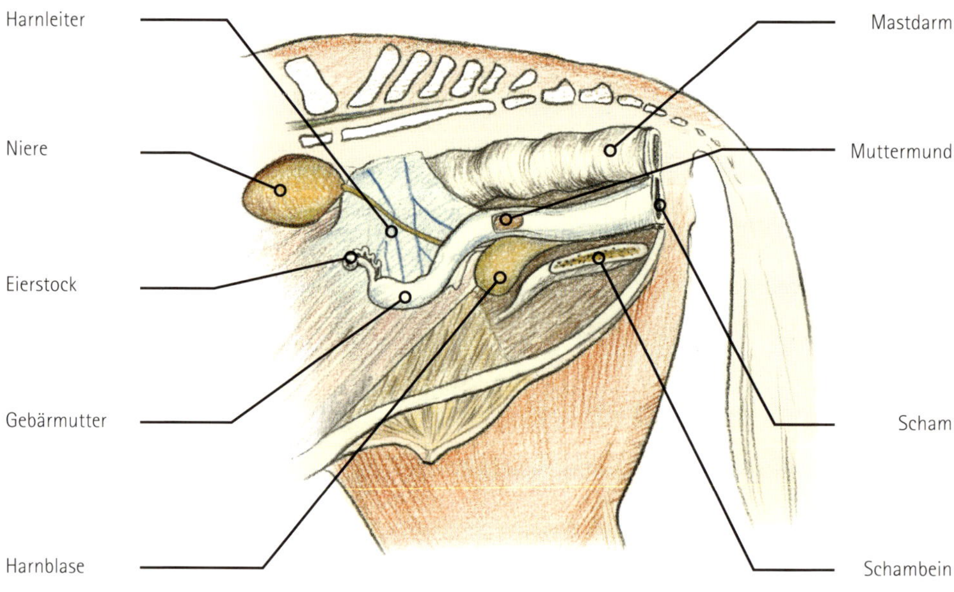

Geschlechtsorgane der Stute 1

der Spitze des Gebärmutterhorns direkt in die Gebärmutter. Der Eileiter ist der Ort der Befruchtung zwischen der Eizelle, die durch die Ovulation hierher gelangt ist, und dem Sperma, das sich nach dem Deckakt aktiv auf den Weg durch die Gebärmutter in den Eileiter gemacht hat. Die befruchtete Eizelle wird weiter in die Gebärmutter transportiert. Unbefruchtete Eizellen dagegen wandern nicht in die Gebärmutter, sondern werden vom Körper resorbiert (aufgelöst).

Die Gebärmutter, auch Uterus genannt, besteht aus dem Gebärmutterkörper und zwei Gebärmutterhörnern.

Die Gebärmutter hängt am breiten Gebärmutterband (Gekröse) am Dach der Bauchhöhle. In diesem Gekröse verlaufen auch Arterien, Venen und Nerven. Bei schweren Geburten kann es manchmal zum Riss der Arterie kommen, der zu einer äußerst gefährlichen und für die Stute oft lebensbedrohlichen Blutung führen kann.

Innen ist die Gebärmutter mit einer Schleimhaut (Endometrium) ausgekleidet. Am unteren Ende verjüngt sich die Gebärmutter zum Gebärmutterhals, auch Cervix genannt. Sein unterer Teil ragt in die Scheide hinein. Im Bereich des Scheidenbodens öffnen sich die Harnleiter.

Nach außen wird der Zugang zur Scheide durch die Scham, auch Vulva, geschützt. Die Schamlippen sind reichlich mit Talg- und Schweißdrüsen besetzt.

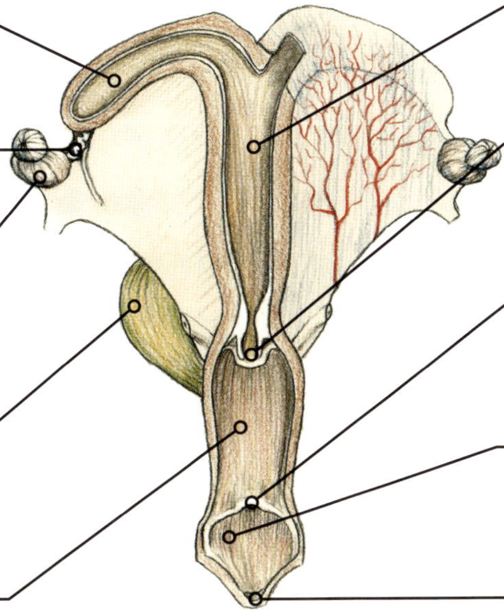

Geschlechtsorgane der Stute 2

Eine unter der Haut liegende Muskelschicht umschließt unten den Kitzler (Klitoris) und reicht nach oben bis zum After. Zusammen mit einem weiteren Muskel ist diese Muskelschicht für das „Blitzen" (Öffnen und Schließen der Schamlippen, wobei die Klitoris sichtbar wird) verantwortlich.

DER ZYKLUS DER STUTE

Beim Pferd bezeichnen wir die Brunst als Rosse. Sie kehrt normalerweise in 21-tägigen Abständen regelmäßig wieder und dauert zwischen sieben und neun Tagen an. Im Herbst und Winter sind Unterbrechungen im Rossezyklus möglich. In der warmen Jahreszeit sind die Rossen oft kürzer, meist nur bis zu fünf Tage. Die Intensität der Rosse schwankt von Stute zu Stute. Sie ist vor allem abhängig von der individuellen Veranlagung, wird aber auch vom Klima, der Ernährung und der Haltung beeinflusst. Im Winter ruht die Eierstocktätigkeit meist. Es sind weder Follikel noch funktionsfähige Gelbkörper vorhanden. Man nennt diesen Zustand auch Anöstrus (übersetzt: ohne Rosse).

Die Paarungsbereitschaft der Stute hängt von der Jahreszeit ab. Mit zunehmender Tageslichtlänge im Frühjahr wird die Hirnanhangdrüse angeregt, vermehrt Fruchtbarkeitshormone zu bilden. Die Brunstsymptome zeigen sich ausgeprägter.

Die Neigung, befruchtungsfähige Eizellen zu bilden, ist im Mai, Juni und Juli am höchsten. Das hat die Natur schlau eingerichtet. Denn wenn die Stute zu dieser Zeit gedeckt wird, kommt das Fohlen im April oder Mai des kommenden Jahres zur Welt. Dann ist es schon warm genug, damit das Fohlen draußen überleben kann. Genügend frisches Gras garantiert gehaltvolle Stutenmilch. Kurz: Das Fohlen findet optimale Bedingungen für eine gute Entwicklung vor. Die Stute deutlich früher im Jahr zu decken, mag zwar wirtschaftlich interessant sein, besonders pferdefreundlich ist es aber nicht.

WIE KÖNNEN SIE DIE ROSSE ERKENNEN?

Bei bevorstehender Rosse werden viele Stuten zunehmend unruhig oder kitzelig. Manche bedrängen andere Herdenmitglieder, werden regelrecht aufdringlich. Andere drücken sich an Stallwände oder Weidezaunpfosten und „Klemmen" in dieser Zeit beim Reiten, reagieren also auf Schenkeldruck eher mit Stehenbleiben als mit mehr Vorwärts und drängen gegen den einseitig einwirkenden Reiterschenkel anstatt ihm zu weichen. Während der Rosse sind die Schamlippen geschwollen und vergrößert. Die Scheide sondert fadenziehenden Schleim ab, der bei gesunden Stuten glasklar aussehen muss. Die Scheidenschleimhaut zeigt eine deutliche Rötung. Rossige Stuten lassen häufiger Harn und öffnen zuckend die Schamlippen; sie blitzen. Bei säugenden Stuten gilt außerdem der beim Fohlen auftretende Durchfall als ein Zeichen für den Eintritt der Rosse.

Nur während der Rosse nimmt die Stute den Hengst an. Sie stellt die Hinterbeine auseinander, hebt den Schweif und sondert eine gelbliche Flüssigkeit mit charakteristischem Duft ab. Manche Stuten flehmen dabei. Schließlich lässt die Stute den Deckakt zu.

Zwischen den Rossen dagegen weist sie den Hengst durch Anlegen der Ohren, Beißen und Ausschlagen zurück. Der Schweif wird angedrückt oder hin und her geschlagen. Dieses Verhalten nennt man „Abschlagen" des Hengstes.

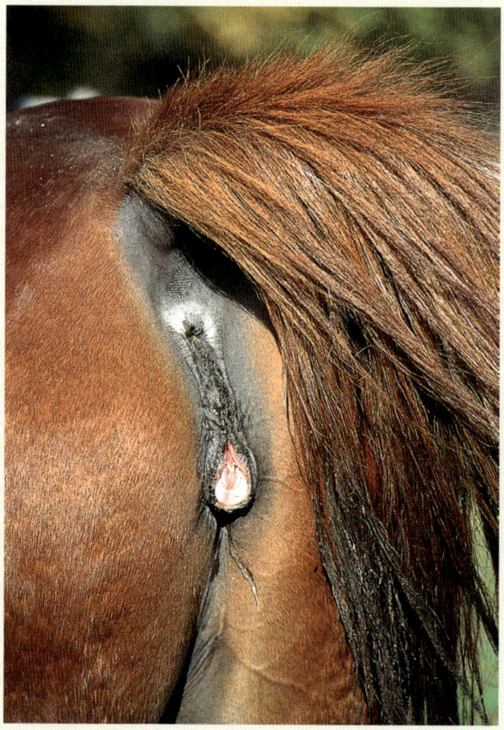

Blitzen gehört zu den eindeutigen Rosseanzeichen. (Foto: C. Slawik)

Etwa in der Mitte der Rosse erfolgt der Eisprung. Allerdings schwankt der Zeitpunkt relativ stark. So gibt es Stuten, die ihren Eisprung ganz am Anfang der Rosse haben, und solche, die ihn eher am Ende haben. Heute nimmt man zur Ermittlung des genauen Zeitpunkts die Hilfe des Tierarztes in Anspruch. Er tastet über den Mastdarm die Eierstöcke ab und kann daran den Reifegrad des Follikels erkennen. Zusätzliche Sicherheit kann eine Ultraschalluntersuchung oder Hormonuntersuchung im Blut geben.

ROSSEKALENDER FÜHREN

Vermerken Sie die Rosse Ihrer Stute im Kalender. Beginnen Sie damit frühzeitig, möglichst mehrere Zyklen vor dem geplanten Decktermin. So werden Sie sicher in der Beobachtung und können sich und der Stute vergebliche Fahrten zum Hengst ersparen. Im Kalender ankreuzen sollten Sie den ersten und letzten Tag, an denen die Rosse sichtbar ist, sowie Tage mit besonders starken Rosseanzeichen. Markieren Sie die Intensität mit **(+)**-Zeichen, etwa so:

(+) leichte Rosse: Stute drängelt zu anderen Pferden (vor allem männlichen), quietscht bei Berührung, hebt den Schweif

(++) mittelschwere Rosse: Schweif heben, gelegentliches „Blitzen"

(+++) starke Rosse: Stute stellt sich breitbeinig hin, hebt den Schweif, blitzt und setzt immer wieder Harn in kleinen Mengen ab, duldet Berührung meist ohne Lautäußerung.

Wichtig ist das Führen eines Rossekalenders auch für den richtigen Zeitpunkt der tierärztlichen Untersuchung. Denn die rektale Untersuchung von Eierstöcken und Gebärmutter sowie die Tupferprobe bringen nur während der Hochrosse aussagefähige Ergebnisse.

Wichtig:
Nur wenn die Stute direkten Kontakt zu anderen Pferden hat, können Sie Rosseanzeichen sicher erkennen.

Können Sie bei Ihrer Stute keine oder nur sehr schwache Rosseanzeichen erkennen, sollten Sie den Tierarzt um eine Untersuchung der Eierstöcke und der Gebärmutter bitten. Ist die Stute gesund, bringen Sie sie am besten zum Hengsthalter. Meist wird die Rosse in Gegenwart des Hengstes ausgeprägter, oder aber der erfahrene Züchter dort kann mit Hilfe des Tierarztes den richtigen Zeitpunkt des Bedeckens auch ohne deutliche Rosseanzeichen besser finden.

Im Alter kann übrigens die Intensität der Rosse abnehmen und der Zyklus unregelmäßig werden.

Zwischen zwei Rossen bereitet sich die Gebärmutter auf die Entwicklung der befruchteten Eizelle vor. Ihre Schleimhaut wird klebrig-trocken, bereit für das Einnisten der Eizelle. Diese kommt etwa fünf bis sechs Tage nach der Empfängnis in der Gebärmutter an. Hat keine Befruchtung stattgefunden, wird die Vorbereitung etwa am 15. Tag abgebrochen, damit wieder ein neuer Zyklus beginnen kann.

DIE UNTERSUCHUNG DURCH DEN TIERARZT

Hierbei ertastet der Tierarzt vom Mastdarm aus Lage, Größe und Wandbeschaffenheit der Gebärmutter, ebenso die Größe der Eierstöcke sowie die Zahl und Größe der fühlbaren Follikel (Eiblasen), oder er prüft dies per Ultraschall. Notieren Sie, ob der sprungreife Follikel rechts oder links sitzt. Meist erfolgt der Eisprung nämlich abwechselnd auf beiden Seiten.

Manche Stuten bilden etwa zehn Tage nach dem Eisprung auf der anderen Seite einen kleineren, trotzdem aber sprungreifen Follikel aus, der die schwächere Zwischenrosse auslösen kann. Aus Angst vor Zwillingsträchtigkeiten wird eine solche Rosse von Züchtern in der Regel nicht zum Decken genutzt.

Mit Hilfe eines Spekulums kann der Tierarzt außerdem über die Scheide den Gebärmuttermund begutachten. Anhand dieser Untersuchungen kann er den Zyklusstand der Stute zu einem bestimmten Zeitpunkt und damit den optimalen Zeitpunkt für die Bedeckung beziehungsweise eine vorhandene Trächtigkeit feststellen.

TUPFERPROBE

Von den meisten Gestüten und Deckstationen wird eine Tupferprobe der Stute vorgeschrieben, um den Deckhengst vor beim Deckakt übertragbaren Infektionen zu schützen. Auch für die Stute ist dieser Test wichtig: Ist sie nicht gesund, wird sie in der Regel nicht tragend. Dazu entnimmt der Tierarzt die Probe mit einem langen sterilen Wattestäbchen vom Muttermund (beim Natursprung auch äußerlich aus der Klitorisgrube), die dann im Labor auf Keimbesiedlung untersucht wird. Am besten wird die Tupferprobe während der Rosse entnommen. Dann ist die Aussagekraft am größten und der Vorgang des Tupfens für die Stute am wenigsten unangenehm.

Der schriftliche Befund des Labors muss dem Hengsthalter vorgelegt werden. Fällt die Tupferprobe negativ aus, ist alles in Ordnung. Bei „positivem" Ergebnis wurden krank machende Bakterien oder Pilze nachgewiesen.

In diesem Fall ist die Behandlung der Stute anhand des vom Labor mitgelieferten Antibiogramms notwendig. Das Antibiogramm stellt die Empfindlichkeit der Keime gegenüber bestimmten medizinischen Wirkstoffen dar, sodass der Tierarzt genau weiß, welche Medikamente er einsetzen muss. Diese werden entweder gespritzt oder direkt in die Gebärmutter eingebracht. Ob die Behandlung erfolgreich war, wird durch eine erneute Tupferprobe 21 Tage später überprüft.

Manchmal dauert es mehrere Zyklen, bis die Stute wieder „sauber" ist. Also deshalb: früh genug anfangen! Eine Tupferprobe macht nur Sinn, wenn sie zeitnah zur Bedeckung genommen wird. Ein Tupfer, der beispielsweise im Februar genommen wird, sagt über die Geschlechtsgesundheit im Mai nichts aus.

IMPFSCHUTZ DER WERDENDEN MUTTER

Impfungen gegen Tetanus (Wundstarrkrampf) und, wo nötig, Tollwut sollten für jede Zuchtstute Pflicht sein. Stuten geben die Immunität über die Milch an ihr Fohlen weiter. So ist das Kleine ausreichend geschützt, bis es alt genug ist, um selbst geimpft zu werden. Neugeborene Fohlen können sich über den Nabelstumpf besonders leicht mit Tetanus infizieren.

Die Erreger befinden sich auch bei noch so guter Hygiene überall im Stall. Die Heilungschancen für Wundstarrkrampf sind auch bei Intensivtherapie meist gleich null. Also lieber rechtzeitig vorbeugen! Das gilt auch für den Schutz gegen Tollwut. Er ist wichtig, weil Stute und Fohlen ja möglichst viel Zeit auf der Weide verbringen sollen, wo es immer zu einer Übertragung durch kranke Wildtiere kommen kann.

Weiterhin sollte die Stute gegen „seuchenhaftes Verfohlen" (Virusabort) geimpft werden. Hier gibt es verschiedene Impfstoffe, die Schutz bieten. Am besten fragen Sie rechtzeitig Ihren Tierarzt. Ausreichend geschützt sind Stuten, die ohnehin regelmäßig mit einem Herpes-impfstoff (zum Beispiel Resequin NN plus, Duvaxyn EHV 1, Prevaccinol®) durchgeimpft werden, vorausgesetzt die Impfabstände wurden korrekt eingehalten und die Impfungen werden auch während der Trächtigkeit weitergeführt. Ist Ihre Stute noch nicht gegen Herpes geimpft, so muss sie im dritten oder vierten und noch einmal im siebten oder achten Trächtigkeitsmonat geimpft werden.

Viele Hengsthalter bestehen jedoch auf dem Nachweis der Herpesimpfung schon bei Ankunft der Stute zur Bedeckung! Bedenken Sie, dass nur das Durchimpfen des gesamten Bestandes, wie immer bei Herpesimpfungen, sinnvoll ist. Ansonsten können geimpfte Tiere unter Umständen nicht geimpfte in ihrem Immunsystem beeinträchtigen.

Eine gesunde Stute ist die Voraussetzung für ein gesundes Fohlen!
(Foto: tierfotoagentur.de/R. Richter)

Impfstoff gegen Influenza und Kombination gegen Influenza und Tetanus

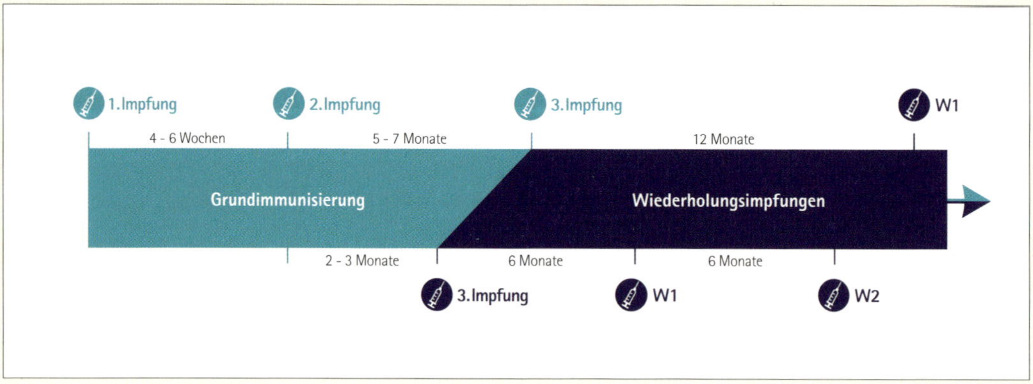

Kombination gegen Influenza und Herpes

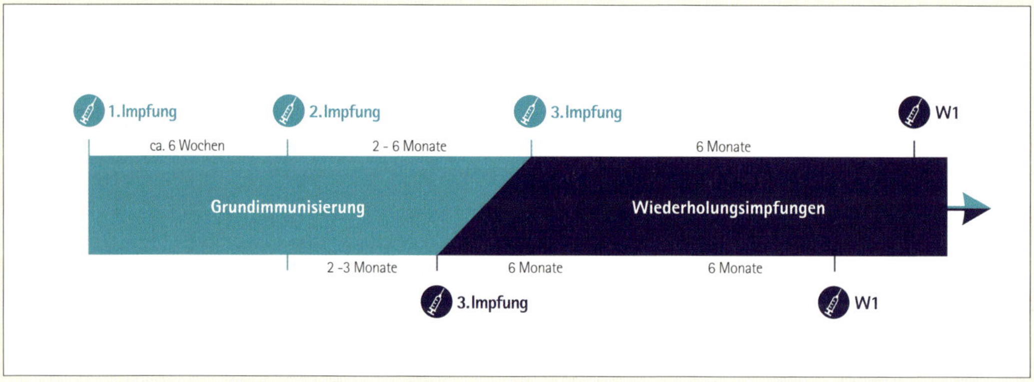

Es kommt auch vor, dass einzelne Pferde die Herpesimpfungen nicht vertragen. Hier muss eventuell nach einer Alternativlösung gesucht werden. Mit diesen Fragen sind Sie bei einem guten Tierheilpraktiker besser aufgehoben als bei einem Tierarzt, der häufig aus wirtschaftlichen Gründen zu einer Impfung raten wird.

Was Sie sonst noch beachten müssen

Eine spezielle Wurmkur der Stute vor dem geplanten Decktermin ist nicht nötig, vorausgesetzt natürlich, die Stute wurde regelmäßig entwurmt. Allerdings verlangen manche Hengsthalter zum Schutz des eigenen Bestandes eine vom

Tierarzt bescheinigte aktuelle Wurmkur. (Vorher fragen!) Eine Wurmkur kurz vor dem geplanten Decktermin ist auch sinnvoll, damit die Stute in den ersten drei Monaten der Trächtigkeit (sensible Phase) nicht entwurmt werden muss.

Regelmäßige Hufpflege sollte auch bei Zuchtstuten selbstverständlich sein. Schließlich müssen sie nicht nur ihr eigenes, sondern auch das Gewicht des Fohlens tragen.

Frauen, die selbst schon schwanger waren, können ein Lied davon singen, welche Qualen schlecht passende Schuhe gerade jetzt bereiten. Den werdenden Pferdemüttern geht es nicht anders, wenn Eisen nicht passen, Beschlagsintervalle zu lang werden oder Barhufe nicht ausgeschnitten und schlecht gepflegt sind.

Mit so ungepflegten Hufen wird das vermehrte Gewicht im Laufe der Trächtigkeit oft zur Qual für die Stute. (Foto: K. Kattwinkel)

FÜTTERUNG DER STUTE VOR DEM GEPLANTEN DECKTERMIN

Zum Ende des Winters sinkt der Vitamin-A-Gehalt aller gelagerten Futtermittel. (Heu beispielsweise verliert pro Lagerungsmonat etwa zehn Prozent.) Da gerade Vitamin A eine große Rolle für die Fruchtbarkeit spielt, empfiehlt es sich, Zuchtstuten (alle Angaben beziehen sich jeweils auf eine Warmblutstute) Möhren oder Rote Bete (etwa drei Kilogramm täglich) und eine Mineralstoffmischung mit viel Vitamin E und vielfältigen B-Vitaminen sowie Spurenelementen zu geben. Zusätzlich sollten sie zwei bis drei Kilogramm unter Dach getrocknetes Luzerneheu bekommen.

Können Sie das nirgends kaufen, so können Sie anstatt des Luzerneheus auch ein bis zwei Kilogramm eines Mischfutters für Zuchtpferde mit höherem Proteingehalt (14 bis 16 Prozent) und Beta-carotin oder ein Luzernemixfutter aus dem Sack geben. Wichtig: Dann müssen Sie die Mineralfuttergabe natürlich darauf abstimmen. So gaukeln Sie dem Organismus einen vorzeitigen Frühling vor, und die Stute kommt besser in die Rosse. Das erhöht die Fruchtbarkeitschancen insbesondere bei älteren Stuten.

Pferdesex auf Bestellung

Aufgrund unserer Einflussnahme können nur noch wenige Hengste und Stuten ihr natürliches Sexualverhalten ausleben. Meist wird ihnen, aus rationellen Gründen, ein völlig unnatürlicher Ablauf des Geschlechtsverkehrs aufgezwungen.

Unter natürlichen Bedingungen, wenn der Hengst mit in der Herde lebt, zeigt das sexuelle Miteinander auf beiden Seiten kein aggressives Verhalten. Der Hengst nähert sich der Stute nur, wenn er Anzeichen für eine Rosse ausmachen kann. Ansonsten lässt er sie in Ruhe. So gibt es keinen Grund und keine räumliche Nähe, die ein Abschlagen wie im Probierstand provozieren.

DAS DECKEN IN DER HERDE

Bei Robustpferderassen wird das natürliche Decken meist noch praktiziert. Hier lebt der Vererberhengst entweder ganzjährig mit einer Stutengruppe und deren Nachkommen zusammen oder auch nur für eine bestimmte Deckperiode. Gestüte mit zahlreichen Fremdstuten zur Bedeckung praktizieren dieses Verfahren oft im Rotationsverfahren. Das heißt, sie bilden mehrere Stutengruppen, damit die Herde nicht ständig neu zusammengesetzt wird. Der Hengst wird dann abwechselnd zu den verschiedenen Stutenherden gelassen.

Die Befruchtungsergebnisse sind unter Herdenbedingungen übrigens generell besser (über 90 Prozent) als beim Decken an der Hand oder bei der künstlichen Besamung (oft nur um 50 Prozent). Deshalb haben einige Warmblutzuchtverbände wie beispielsweise der Oldenburger Verband für Stuten, die schlecht aufnehmen, die Möglichkeit der „Wildbedeckung“ eingerichtet. Die Stuten leben dann mehrere Monate unter natürlichen Bedingungen mit einem ausgewählten Nachwuchshengst zusammen auf ausgedehnten Weiden. Die Erfolge sprechen für sich.

Decken im Herdenverband

Vorteile

- Pferdegerechtes Leben und Verhalten
- Ständige Bewegungsfreiheit
- Natürliches Sozialgefüge in der Gruppe
- Kaum aggressives Verhalten bei Stute und Hengst
- Hohe Befruchtungsquote (über 90 Prozent)

Nachteile

- Erhöhte Verletzungsgefahr (vor allem auch zwischen den fremden Stuten)
- Kaum Eingreifmöglichkeiten bei problematischem Deckakt
- Nur für weniger gefragte Hengste praktikabel
- Lange Verweildauer der Stute beim Hengsthalter
- Unter Umständen lange Transportwege für die Stute
- Hengst und Stute sind während der Decksaison nicht anderweitig nutzbar

DAS ABPROBIEREN

Zum Abprobieren wird die Stute, durch eine stabile Wand geschützt, dem Hengst zuerst mit dem Kopf voraus präsentiert. Akzeptiert die Stute den Kontakt an Kopf und Hals, wird sie ermutigt, sich parallel zur Wand hinzustellen, damit sich der Hengst mit ihren seitlichen Körperpartien bis hin zur Kruppe beschäftigen kann. Manche Stuten sind zuerst aggressiv und ablehnend, was sich jedoch bei längerem Kontakt zum Hengst verliert. Lassen Sie den beiden ausreichend Zeit für das Abprobieren. Diese Form der Annäherung stellt ein völlig unnatürliches Verhalten dar.

Auf den meisten Gestüten beziehungsweise Deckstationen übernimmt ein spezieller „Probierhengst" die Aufgabe der Stutenprüfung. Der potenzielle Vater kommt erst zum Einsatz, wenn sein Kollege die Empfängnisbereitschaft der Stute geprüft hat. Dies ist der Fall, wenn die Stute viel Interesse für den Hengst zeigt, sich breitbeinig hinstellt, blitzt und trüben Urin absetzt. Auch bei der künstlichen Besamung wird mit einem Probierhengst gearbeitet.

Hinweis:
Das Abprobieren ist etwas für Profis! Probierhengste sind oft (zu Recht) extrem frustriert und dadurch schlecht zu handhaben.

DER RICHTIGE ZEITPUNKT

Die Bedeckung sollte zwischen sechs und 24 Stunden vor dem Eisprung stattfinden, damit eine ausreichende Anzahl reifer Spermien bereits vor dem Eisprung im Eileiter vorhanden ist. Obwohl nur ein einziges Spermium die Eizelle befruchtet, scheint das Vorhandensein zahlreicher Spermien notwendig zu sein. Man vermutet, dass sie alle bestimmte Enzyme produzieren, die für das Eindringen in die Eizelle wichtig sind. Die Eizelle selbst kann etwa 24 Stunden lang befruchtet werden. Die zweite Bedeckung erfolgt in der Regel nach 48 Stunden.

KÜNSTLICHE BESAMUNG ODER NATURSPRUNG?

Ob Sie Ihre Stute künstlich besamen oder im Natursprung decken lassen, werden Sie sich in der Regel nicht aussuchen können. Das legt der Hengsthalter fest; es ist also abhängig davon, welchen zukünftigen Vater Sie aussuchen. Hengste, die im Natursprung decken, sind innerhalb einer Decksaison von der künstlichen Besamung ausgeschlossen und umgekehrt.

Wird im Natursprung gedeckt, so müssen Sie Ihre Stute in der Regel zumindest für einige Tage beim Hengsthalter unterstellen. Ausnahmen sind die Deckstationen der Landgestüte. Dort können Sie die Stute nach erfolgtem Decken wieder mit nach Hause nehmen. Allerdings kann es sein, dass Sie mehrfach hinfahren müssen, wenn die Stute nicht gleich beim ersten Sprung aufnimmt.

Beim Decken an der Hand wird die Stute häufig an den Hinterbeinen mit sogenannten Spannstricken „gefesselt", um den Hengst zu schützen. Dabei muss der Knoten jederzeit leicht zu lösen sein. (Foto: tierfotoagentur.de/R. Richter)

DAS DECKEN AN DER HAND

Dazu wird der obere Teil des Schweifs bandagiert, die After- und Scheidenregion gewaschen und desinfiziert, Filzschuhe werden über die Hinterhufe gestreift, und oft wird auch eine Nasenbremse aufgelegt und ein Vorderbein in gebeugter Stellung hochgehalten, oder die Hinterbeine werden gefesselt.

Auch wenn es schwerfällt: Als Stutenbesitzer haben Sie auf diese Vorsichtsmaßnahmen in der Regel wenig Einfluss. Sie dienen dem Schutz des Deckhengstes.

Das Decken an der Hand

Vorteile

- Möglichkeit, heftige Hengste zu bremsen
- Sichere Bedeckung von Maiden-(Erstlings-)stuten, die den frei deckenden Hengst oft trotz Hochrosse abwehren
- Stute und Hengst sind während der Decksaison auch anderweitig nutzbar

Nachteile

- Starker Eingriff in das natürliche Sexualverhalten
- Oft regelrechtes Vergewaltigen der Stute
- Geringere Befruchtungsquote
- Eventuell lange Transportwege für die Stute

KÜNSTLICHE BESAMUNG

Die künstliche Besamung hat sich mittlerweile weltweit in zahlreichen Zuchten durchgesetzt. Die einzige Ausnahme bildet die Englische Vollblutzucht, in der nach wie vor eine Künstliche Besamung verboten ist.

Das Ejakulat wird in Schleimanteil und schleimfreien Anteil getrennt. Die Spermien befinden sich im schleimfreien Anteil. Dieser wird entweder zur sofortigen Befruchtung einer empfängnisbereiten Stute vor Ort genutzt. Vermischt mit einer Schutzflüssigkeit wird der Schleimfreie Anteil auch als Frischsperma zu einer entfernten Stute transportiert. Meist wird der Erguss jedoch in mehrere Portionen aufgeteilt und erst dann als Frischsperma verbraucht oder aber in flüssigem Stickstoff eingefroren. Im gefrorenen Zustand ist er über mehrere Jahre haltbar. So steht uns heute noch Sperma von bereits verstorbenen Vererbern zur Verfügung.

Dank der künstlichen Besamung können wesentlich mehr Stuten von einem Hengst gedeckt werden als unter natürlichen Bedingungen. Allerdings kann daraus auch ein Nachteil erwachsen. Wenn nämlich bestimmte Blutlinien, und damit Deckhengste, besonders gefragt sind und andere vernachlässigt werden, wird die genetische Vielfalt innerhalb eines Zuchtbuchs nach und nach immer enger. Dadurch wächst beispielsweise die Gefahr des Auftretens von Erbkrankheiten. Außerdem hat sie mit dem natürlichen Fortpflanzungsgeschehen kaum noch etwas zu tun. Abgesehen vom Frust, den sowohl Hengst als auch Stute dabei davontragen, behaupten immer mehr Experten, dass der Mensch so auch eine Negativauslese in Sachen Sexualverhalten betreibt und dass künftige Pferdegenerationen vielleicht gar nicht mehr fähig sein werden zur natürlichen Vermehrung.

Die künstliche Besamung

Vorteile

- Sehr geringes Infektionsrisiko
- Vermeiden von Deckverletzungen
- Mehr Nachkommen von guten Vererbern
- Verfügbarkeit von Samen ausländischer Hengste
- Kein Transport von Zuchttieren über große Entfernung (Samen wird per Post verschickt)
- Nutzen von Tiefgefriersperma über den Tod des Hengstes hinaus
- Kein Ausfall der Pferde bei anderweitiger Nutzung

Nachteile

- Unnatürliche genetische Enge
- Kein natürliches Fortpflanzungsverhalten möglich
- Geringere Befruchtungsergebnisse
- Manche Stuten nehmen gar nicht auf

NUR ETWAS FÜR PROFIS – EMBRYOTRANSFER

Auch bei Pferden gibt es mittlerweile den Embryotransfer, sprich das Einpflanzen einer befruchteten Eizelle in eine Leihmutter. Diese Prozedur ist sehr aufwendig und teuer. Trotzdem wird sie weltweit zunehmend häufiger praktiziert, wenn Stuten aufgrund ihrer besonderen Eigenschaften eine größere Zahl Nachkommen als biologisch eigentlich möglich haben sollen, oder wenn eine wertvolle Stute weiter im Sport genutzt werden soll oder aus gesundheitlichen Gründen kein Fohlen gebären kann.

Welche Kosten kommen auf Sie zu?

Die Decktaxe variiert von Hengst zu Hengst. Sie richtet sich nach Zuchtwertprüfung und Zuchtwertschätzung des Hengstes sowie seinem Bekanntheitsgrad, eventuellen Turniererfolgen und seiner Beliebtheit. Beträge zwischen 300 und 1.000 Euro sind üblich. Bei Spitzenvererbern können die Preise weitaus höher liegen und mehrere Tausend Euro betragen.

Manche Hengsthalter verlangen die volle Taxe beim Decken; wird die Stute nicht tragend, können Sie innerhalb der Decksaison mehrfach wieder decken lassen oder Sie bekommen in der nächsten Saison Rabatt. Andere nehmen beim Decken nur die Hälfte und die andere Hälfte bei der Geburt des lebenden Fohlens.

Hinzu kommen die Kosten für den Tierarzt und die Unterbringung der Stute beim Hengsthalter. Wie viel hier zusammenkommt, hängt im Wesentlichen von der Fruchtbarkeit der Stute ab: Es können 50, aber auch mehr als 500 Euro werden. Schließlich werden für das Eintragen von Stute und Fohlen bei einem Zuchtverband Mitgliedsbeiträge fällig. Diese variieren je nach Zuchtverband.

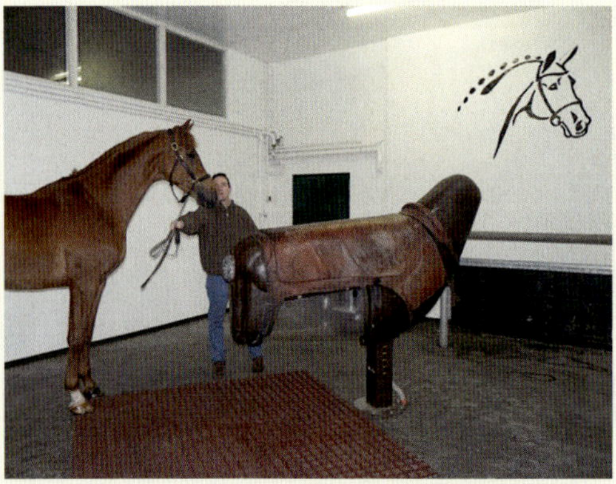

Modernes Phantom in einer Besamungsstation. (Foto: Hengststation Kretschmer)

Was tun bei Deckverletzungen?

Verletzungen durch das Decken können innerlich oder äußerlich sein. Risse an den äußeren Geschlechtsorganen oder Schleimhautverletzungen der Scheide werden meist bei der Nachkontrolle erkannt. Sie können die künftige Fruchtbarkeit beeinträchtigen, weil durch den mangelhaften Schluss der Schamlippen Keime eindringen und Infektionen bewirken können. Gefährlich sind vor allem Risse im Scheidenbereich, bei denen Keime in das Bindegewebe oder in die freie Beckenhöhle gelangen. Daraus kann sich eine heftige, oft tödlich verlaufende Bauchfellentzündung entwickeln. Deshalb Deckverletzungen stets vom Tierarzt kontrollieren lassen!

Das gilt auch bei Störungen des Allgemeinbefindens ohne sichtbare Verletzungen, vor allem Fieber und kolikartigen Symptomen, die unmittelbar oder bis zu 48 Stunden nach dem Decken auftreten.

Beim Natursprung kann die Stute unter Umständen Blockierungen der Wirbelsäule oder Prellungen davontragen, zum Beispiel wenn der Hengst schief aufspringt oder seine Vorderhufe mit Wucht auf dem Rücken landen.

Wenn die Stute noch Tage nach dem Deckakt lahmt, untaktmäßig läuft, die Kruppe einzieht oder mit einem Hinterbein seitlich neben die Spur des Vorderbeins fußt, sollten Sie an diese Möglichkeit denken und einen Osteopathen oder Physiotherapeuten zurate ziehen.

Ein stabiler Probierstand bietet Stute und Hengst Sicherheit bei der ersten Begegnung. (Foto: tierfotoagentur.de/R. Richter)

(Foto: tierfotoagentur.de/R. Richter)

NEUES LEBEN ENTSTEHT

Die Befruchtung

Die Befruchtung findet bei der Stute im Eileiter statt. Das bedeutet, dass die Spermien sich von der Gebärmutter aus aktiv dorthin bewegen müssen, in einer Art natürlichen Wettkampfs um den ersten Platz, der garantiert, dass sich die stärkste Samenzelle mit der Eizelle vereinigt.

Das Spermium sucht aktiv die Eizelle, dringt in ihren Zellkern ein und liefert dort sein eigenes Zellkernmaterial ab. Diesen Vorgang nennt man Befruchtung. Eine Eizelle ist etwa so groß wie ein Sandkorn, ein Spermium rund hundertmal kleiner.

Das Spermium besteht aus Kopf, Mittelstück und Schwanz. Im Kopf befindet sich der Zellkern mit den Chromosomen, dem genetischen Material (Erbgut). Pferde haben 64 Chromosomen, die aus 32 Chromosomenpaaren bestehen. Jedes Chromosomenpaar enthält einen männlichen und einen weiblichen Strang. Eizellen und Spermien besitzen nur die Hälfte der Chromosomen, die normalerweise in jeder Körperzelle vorkommen, also 32. Einzige Ausnahme bilden übrigens die roten Blutkörperchen: Sie besitzen gar kein Zellkernmaterial.

Nach der Befruchtung bilden die 32 Chromosomen der Eizelle mit den 32 Chromosomen der Samenzelle Paare. Somit ist der Chromosomensatz mit 64 Chromosomen wieder vollständig.

Hat es geklappt?

Tragen Sie das Deckdatum in Ihren Kalender ein. 14 bis 18 Tage nach dem letzten Sprung kann der Tierarzt per Ultraschall feststellen, ob Ihre Stute tragend ist. Falls ja, können Sie erst einmal aufatmen. Falls nicht, steht die nächste Rosse kurz bevor und kann für einen neuen Versuch genutzt werden.

Am 40. Tag nach dem ersten erfolgreichen Decken (plus/minus ein bis zwei Tage) sollte eine zweite Ultraschalluntersuchung stattfinden. Dadurch lässt sich abklären, ob die Trächtigkeit normal verläuft oder nicht.

So entwickelt sich das Fohlen

Wenn der Embryo am sechsten Tag nach der Befruchtung in der Gebärmutter eintrifft, ist er etwa einen Millimeter groß. Zwei Wochen später misst er, mit Eidotter, aus dem er sich ernährt, schon 16 Millimeter, Eihaut und erste Blutgefäße beginnen sich zu entwickeln.

Ungefähr am 19. Tag gibt es bereits ein Kreislaufsystem und ein sich entwickelndes Herz, am 50. Tag Kopf und Beine. Ab dem 220. Tag wachsen Mähnenhaare und Schweif. Jetzt wiegt ein Warmblutfohlen bereits zehn Kilogramm. Bei seiner Geburt sind es rund 50.

Die Stute liefert, wie bei allen Säugetieren, alle lebenswichtigen Stoffe an das sich entwickelnde Wesen in ihrem Bauch und nimmt die Abfallstoffe auf, die für den Fötus Gift sind. Dieser Austausch geschieht über den Mutterkuchen, die Plazenta, der an der Gebärmutterwand haftet und mit dem das werdende Fohlen über die Nabelschnur verbunden ist. In der Nabelschnur verlaufen Blutgefäße. Die Blutströme von Mutter und Kind geraten in der Plazenta in engen Kontakt, vermischen sich jedoch nicht miteinander.

IST DIE STUTE WIRKLICH TRAGEND?

Bei Pferden nistet sich die befruchtete Eizelle erst nach dem dritten Monat in die Gebärmutterschleimhaut ein. Bis dahin schwimmt sie frei in der Gebärmutter. So lange kann sie von der Stute ohne äußerlich erkennbare Anzeichen resorbiert, das bedeutet aufgelöst, werden. Deshalb können Sie eigentlich erst nach Ablauf dieser Zeit wirklich sicher sein, dass Ihre Stute tragend bleibt. Ein erfahrener Tierarzt kann das Bevorstehen dieses bedauerlichen Geschehens jedoch schon früher, etwa um den 40. Tag, an einer deformierten Fruchtblase erkennen.

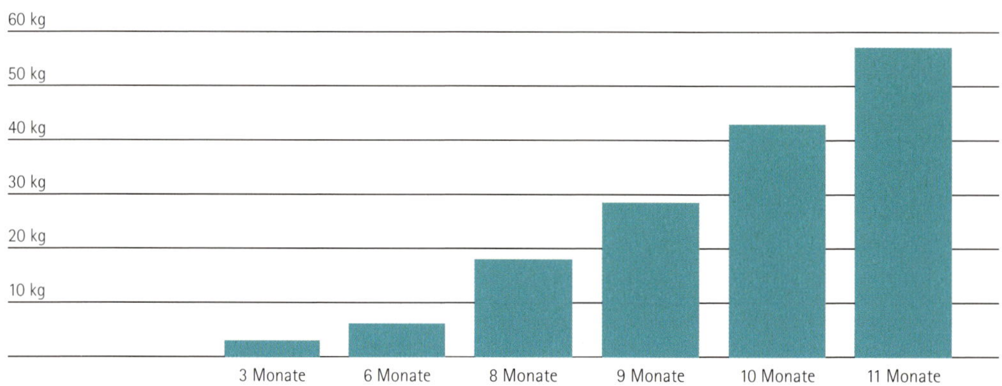

Wachstum des Warmblutfohlens im Mutterleib.

Deshalb ist eine zweite Ultraschalluntersuchung zu diesem Zeitpunkt wichtig.

Etwa ab dem 45. bis 50. Tag können Sie eine Trächtigkeit auch mithilfe einer Blutuntersuchung feststellen lassen. Hierbei werden Hormone nachgewiesen, die man nur während der Trächtigkeit im Blut nachweisen kann. Nach dem 120. Tag gibt auch der Urin Aufschluss über die Hormonlage. Am besten geeignet ist der Morgenharn.

Wenn die Stute nicht tragend wird

Wenn Stuten „güst" bleiben, wie der Fachmann sagt, kann das verschiedene Ursachen haben:

DIE STUTE IST ZU FETT

Ist die Stute zu fett, dann sind meist der Stoffwechsel und auch der Hormonhaushalt gestört.

PROBLEME IN DER LENDENWIRBELSÄULE

Wenn die Stute Blockierungen in der Lendenwirbelsäule hat, kann es vorkommen, dass dadurch auch die Funktion der Geschlechtsorgane betroffen ist. In der Mitte der Lendenwirbelsäule treten die dafür zuständigen Nerven aus dem Rückenmark aus. Werden diese gequetscht oder gezerrt, wird das betroffene Organ (zum Beispiel Eierstock) nicht mehr richtig versorgt.

SCHLECHTER SCHEIDENSCHLUSS

Luft, die in die Scheide eindringt (zum Beispiel durch Untersuchungen, Deckakt, nach der Geburt, wenn Scheide und Scham noch geweitet sind, oder bei alten oder schlecht gebauten Stuten), kann Infektionen und Unfruchtbarkeit verursachen.

ABWEICHUNGEN IM ROSSEZYKLUS

Manche Stuten zeigen keine Rosse, solange sie ein Fohlen bei Fuß haben. Wahrscheinlich hemmt in diesen Fällen das für die Milchbildung notwendige Hormon Prolaktin die Freisetzung anderer Hormone, die für das Zyklusgeschehen entscheidend sind. Soll eine solche Stute unbedingt wieder tragend werden, bleibt meist nichts anderes übrig, als das Fohlen abzusetzen. Eine Garantie, dass es dann wirklich klappt, ist dies allerdings nicht. Mit dem zu früh abgesetzten Fohlen haben Sie dann zudem noch ein Problem mehr. Besser Sie üben sich in Geduld und warten bis zum nächsten Jahr.

ROSSE (ÖSTRUS) OHNE EISPRUNG

Bei einer Rosse ohne Eisprung bleiben die Eierstöcke inaktiv oder es entwickeln sich Follikel, die nicht so weit reifen, dass sie springen. Nur mithilfe einer Blutuntersuchung (Messen der Progesteronkonzentration) oder einer rektalen Untersuchung (Abtasten des Eierstocks über den Mastdarm) kann der Tierarzt einen Östrus ohne Eisprung erkennen.

VERSPÄTETER EISPRUNG

Hat die Stute den Eisprung erst nach der Rosse, so sind die Spermien zu diesem Zeitpunkt bereits abgestorben und es kann keine Befruchtung stattfinden.

EISPRUNG IN DER MITTE DES ZYKLUS

Relativ häufig gibt es beim Pferd Eisprünge zwischen zwei Rossen. Es kann daraus eine Zwillingsempfängnis resultieren: wenn der zweite Eisprung relativ rasch auf den ersten folgt oder bei einem verlängerten Diöstrus (Phase zwischen zwei Rossen), bei dem die zweite Ovulation sehr viel später im Zyklus erfolgt.

VERLÄNGERTER ZEITRAUM ZWISCHEN ZWEI ROSSEN

Manchmal bildet sich der nach dem Eisprung gebildete Gelbkörper nicht nach den üblichen 15 Tagen zurück. Die Gründe dafür hat man noch nicht eindeutig erforscht. Oft liegt es jedoch daran, dass eine befruchtete Eizelle abgestorben ist. Folge: Die Stute wird nicht wieder rossig und man könnte annehmen, sie sei tragend.

STILLE ROSSE

Hierbei unterscheidet man zum einen das normale Rossigwerden der Stute mit

Sauberkeit und Hygiene sind im Stutenstall unbedingt einzuhalten. (Foto: C. Slawik)

den typischen Veränderungen am Genitaltrakt und an den Eierstöcken, jedoch ohne die eigentlich typischen Verhaltensänderungen. Viele Stuten zeigen solch ein entgegengesetztes Verhalten, wenn sie nur künstlich stimuliert werden.
Sie werden jedoch meist tragend, wenn die Rosse durch tierärztliche Untersuchung festgestellt wird und sie dann auch gedeckt werden.

Zum anderen können die Veränderungen an den Geschlechtsorganen und das typische Rosseverhalten zeitversetzt auftreten. Dann wird die Stute den Hengst in der für eine erfolgreiche Bedeckung wichtigen Zeit, also 24 Stunden vor dem Eisprung, nicht annehmen.

Für eine Stute im Herdenverband kann eine künstliche Besamung sinnvoll sein, um ihr Stress zu ersparen. (Foto: fotolia.com/Noo)

AGGRESSIVES VERHALTEN WÄHREND DER ROSSE

Dieses eigentlich unnatürliche Verhalten entwickelt sich vermutlich als Folge des Deckens an der Hand und kommt bei Maidenstuten (Stuten, die erstmals gedeckt werden) oder Stuten mit ihrem ersten Fohlen bei Fuß ab und zu vor. Auch Stuten, die in einem großen Herdenverband leben, können durch eine Fahrt mit dem Hänger zum Hengst so gestresst sein, dass sie ihn trotz Rosse abschlagen.

Hinweis:
Die meisten Stuten sind während des Fellwechsels am fruchtbarsten. Übrigens: Geschorene Stuten nehmen in der Regel schlechter auf! Rund 90 Prozent werden aus bisher unbekannten Gründen nicht tragend.

Mögliche Komplikationen während der Trächtigkeit

Die Fruchtresorption während der ersten zwölf Trächtigkeitswochen wurde bereits erwähnt. Man vermutet, dass die Natur diese Phase einer für die Mutter stressfreien Beendigung der Frühträchtigkeit eingerichtet hat, um bei schlechten Umweltbedingungen (beispielsweise Dürre oder

Futtermangel, Krankheit) zumindest das Leben der Stute zu sichern.

Aber auch in der Hochträchtigkeit kann es zum Absterben des Fötus kommen. Man unterscheidet zwischen nicht ansteckendem Verfohlen und dem Virusabort durch Herpesviren. In jedem Fall sollte ein tot geborenes Fohlen daraufhin untersucht werden, ob ein seuchenhaftes Verfohlen die Ursache war. Diese Untersuchung wird durch die Tierseuchenkasse bezahlt, ist also für Sie als Stutenhalter kostenlos! In der Regel wird das der Tierarzt, den Sie auf jeden Fall hinzuziehen sollten, automatisch in die Wege leiten. Bis das Ergebnis vorliegt, müssen Sie sicherheitshalber alle Vorsichtsmaßnahmen so treffen, als ob es sich um ein seuchenhaftes Verfohlen gehandelt hätte.

Gründe für ein nicht ansteckendes Verfohlen

BAKTERIEN IN DER GEBÄRMUTTER

Bakterien können bei Stuten mit schlechtem Schluss der Schamlippen jederzeit über den Kot oder andere Infektionsquellen in die Scheide gelangen. Beim Deckakt oder durch unsterile Untersuchungsgeräte können sie sogar bis in die Gebärmutter geraten.

FIEBRIGE ERKRANKUNGEN

Jede Art von fiebriger Erkrankung der Mutterstute birgt die Gefahr des Verfohlens. Aber Vorsicht bei medikamentösen Behandlungen während der Trächtigkeit! Viele Medikamente, auch Wurmkuren, Sedierungen oder einige Kräuterarten können ein Verfohlen oder Fehlbildungen beim Fohlen auslösen.

FÜTTERUNGSFEHLER

Plötzliches Umstellen auf ungewohnte Futtermittel, auch von Stallfütterung auf Weidegang, das Füttern von schimmeligem, verpilztem oder verdorbenem Futter, Giftpflanzen, aber auch eine unzureichende Vitamin- und Mineralstoffversorgung oder ein Defizit an Eiweiß im Futter können ein Verfohlen auslösen.

UNFÄLLE ODER ÜBERANSTRENGUNG

Stürze, plötzliche Überanstrengung, Springen über hohe Hindernisse oder Transportstress sind weitere mögliche Gründe für Verfohlen.

VORZEITIGE WEHEN

Zu früh einsetzende Wehen sehen aus wie Kolikanzeichen:

- Unruhe
- Schwitzen
- Nach-dem-Bauch-Umsehen
- häufiges Hinlegen und wieder Aufstehen der Stute

Halten solche Symptome länger als wenige Minuten an, sollten Sie einen Tierarzt rufen.

Maßnahmen bei einem Virusabort

Im Allgemeinen steckt sich die Stute mit dem Erreger des seuchenhaften Verfohlens über die Atemwege an (Tröpfcheninfektion). Hier bietet nur eine vorbeugende Impfung (im dritten und sechsten beziehungsweise siebten Trächtigkeitsmonat) Schutz.

Erwachsene Pferde zeigen bei einer solchen Infektion meist nur kurzzeitig geringes Fieber und einen klaren wässrigen Nasenausfluss, weshalb die Erkrankung oft nicht ernst genommen wird. Fohlen können jedoch schwer erkranken (hohes Fieber, schwerer Husten, unter Umständen mit anschließender Lungenentzündung).

Selten kann es auch bei geimpften Stuten zum Verfohlen kommen, wenn die Viren direkt über die Scheidenschleimhaut in die Gebärmutter eindringen. Als möglich erachtet wird auch eine Ansteckung durch den Hengstsamen beim Natursprung.

Zeigen sich längere Zeit vor dem Abfohltermin bereits Milchtropfen am Euter, so kann das ein Zeichen für einen bevorstehenden Abort oder die Geburt eines lebensschwachen Fohlens sein. Rufen Sie in jedem Fall einen Tierarzt!

Der Virusabort ereignet sich immer zum Ende der Trächtigkeit, in der Regel plötzlich, ohne vorherige Anzeichen wie bei einer normalen Geburt. Manchmal überleben diese früh geborenen Fohlen für einige Stunden oder Tage. Lassen Sie also bei jeder vorzeitigen Geburt mit lebensschwachem Fohlen die Nachgeburt und das Fohlen untersuchen, um tragende Stallgenossinnen noch vor einer Ansteckung schützen zu können. Insbesondere das Fruchtwasser ist hoch ansteckend! Bei jedem Anzeichen für ein Verfohlen muss die Stute sofort von den anderen Pferden isoliert werden.

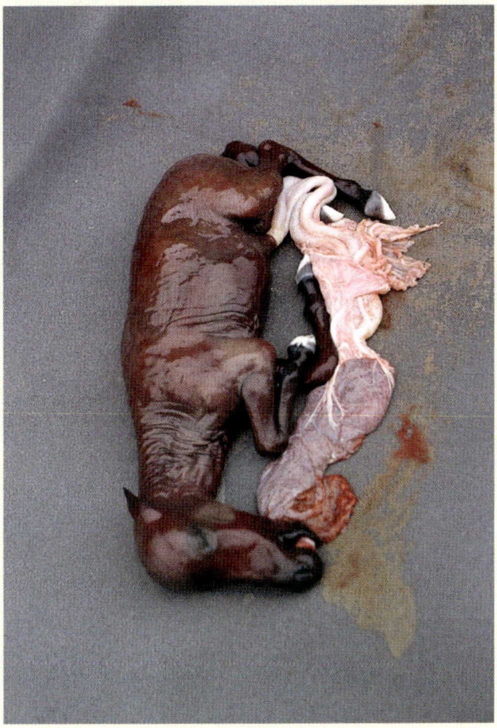

Tot geborene Fohlen sollten Sie in jedem Fall untersuchen lassen. (Foto: Dr. Ende)

Entfernen Sie möglichst auch die Pferde aus den Boxen neben der Abfohlbox. Box und Stallgasse müssen mit zweiprozentiger Natronlauge desinfiziert werden. Vermeiden Sie jeden Kontakt zwischen der verdächtigen Stute und anderen Pferden. Vorsicht: Auch über Kleidung, Stiefel und Hände des Stallpersonals kann eine Virusübertragung erfolgen. Fremde Besucher sollten den Stall nicht betreten beziehungsweise müssen sich vorher desinfizieren. Hat das Verfohlen auf der Weide stattgefunden, muss die Weide für mindestens 14 Tage gesperrt werden. Weitere Maßnahmen wird der Tierarzt vorschreiben!

Manchmal sind es zwei

Die Veranlagung zur Zwillingsträchtigkeit ist oft angeboren. Entweder kommt es bei einer Zwillingsträchtigkeit zwischen dem siebten und neunten Monat zum Abort, oder aber eine Frucht stirbt im Mutterleib ab und schrumpft zusammen. Dann kommen nach Ablauf der normalen Trächtigkeitszeit ein lebendes Fohlen, in der Regel etwas kleiner und magerer, und eine Fohlen-Mumie zur Welt. Es wurde auch schon beobachtet, dass die Fohlen-Mumie im Körper des lebenden Zwillings eingewachsen war.

Nur selten werden es zwei: Bei einer Zwillingsträchtigkeit kommt es häufig zu einem frühen unbemerkten Abort eines Fötus. Der zweite Fötus entwickelt sich meist völlig normal. (Foto: fotolia.com/g.risteski)

Die Haltung der hochtragenden Stute

BEWEGUNG BEI WIND UND WETTER

Wenn Sie Ihre Stute artgerecht halten, müssen Sie in den letzten Wochen der Trächtigkeit eigentlich nichts ändern. Offenstall- und Auslaufhaltung sind optimal.

Frische Luft, Licht, das Leben im Herdenverband, Bewegung und ausgewogene Fütterung sorgen für einen guten Allgemeinzustand. Dies gilt sowohl für den körperlichen als auch für den seelischen Zustand des Pferdes.

Die Offenstallhaltung ist auch für tragende Stuten die beste und artgerechteste Haltungsform.
(Foto: tierfotoagentur.de/S. Starick)

Aber auch für im Stall gehaltene Stuten ist Bewegung an frischer Luft, egal bei welchem Wetter, ein absolutes Muss. Vorsicht jedoch, wenn die Stute bei schlechtem Wetter draußen lediglich herumsteht. Auskühlen kostet Energie!

Aufpassen müssen Sie auch an frostigen Tagen. Dann bergen unebene Ausläufe ein nicht unbeträchtliches Verletzungsrisiko. Der dicke Bauch macht die Stute unbeweglicher. Sie verliert schneller das Gleichgewicht. Muskel- und Sehnenzerrungen oder Stürze können die Folge sein. Enge Durchgänge, scharfe Wendungen und direkten Kontakt zu aggressiven Artgenossen sollten Sie Ihrer Stute vor allem in den letzten Wochen vor dem Abfohlen aus Sicherheitsgründen ersparen.

UNBEDINGT NOTWENDIG: „SCHWANGERSCHAFTSGYMNASTIK"

Von einem leichten Reiter können tragende Stuten noch bis kurz vor dem Geburtstermin geritten werden. Im Geschirr gehen sollten sie nur bis zum Ende des neunten Monats und das auch nur mit geringer Zugbelastung. Größere Anstrengungen wie Galoppstrecken, Jagden und Springen sind auf jeden Fall tabu. Bodenarbeit ist sinnvoll, ständiges Herumstehen Gift. Oft haben solche Stuten dann auch beim Abfohlen Schwierigkeiten. Wenn sich Ihre Stute im Auslauf oder auf der Weide wenig oder gar nicht bewegt, bleibt kaum etwas anderes übrig, als mit ihr zumindest spazieren zu gehen.

(Foto: C. Slawik)

DAS GROSSE EREIGNIS RÜCKT NÄHER

Die durchschnittliche Tragezeit beim Pferd beträgt elf Monate (340 Tage). Variationen zwischen 320 und 360 Tagen sind möglich. Hengstfohlen werden im Allgemeinen einige Tage später geboren als Stutfohlen.

Letzte Vorbereitungen

Informieren Sie Ihren Tierarzt rechtzeitig über den errechneten Geburtstermin und erkundigen Sie sich nach der Möglichkeit, ihn im Notfall auch zu unchristlicher Zeit erreichen zu können.

Auch eine hochtragende Stute kann in der bekannten Herde bleiben. Für das Abfohlen im Stall sollte sie das Aufstallen kennen, um Stress zu vermeiden.

Ist die Stute beschlagen, so sollten ihr rechtzeitig vor dem Geburtstermin die Eisen abgenommen werden, denn sie stellen eine Gefahr sowohl für das Fohlen als auch für die Geburtshelfer dar.

Auch der letzte Termin zur Barhufpflege sollte mindestens vier Wochen vor dem Geburtstermin eingeplant werden. Zum einen wird es sonst für die Stute zu beschwerlich. Zum anderen sollten Mutter und Kind nicht gleich in den ersten Tagen durch solche Aktionen gestört werden.

Soll die hochtragende Stute zum Abfohlen in einen Stall gebracht werden, sollten Sie dies vorher üben. (Foto: tierfotoagentur.de/A. Brillen)

Wurmkur

Sechs bis acht Wochen vor dem Abfohlen sowie nochmals kurz vor dem Geburtstermin sollten Sie die Stute noch einmal entwurmen. So verhindern Sie, dass das neugeborene Fohlen gleich in den ersten Lebenstagen Wurmeier beziehungsweise Wurmlarven über die Milch aufnimmt. Vorsicht jedoch: Die gängigen Mittel gegen Magenbremsen (Larven der Dasselfliegen) dürfen nicht an tragende Stuten verabreicht werden. Fragen Sie in jedem Fall Ihren Tierarzt um Rat! Noch besser: Wählen Sie pflanzliche Präparate, die durchaus eine hohe Wirksamkeit haben und vor allem die Darmflora nicht beeinträchtigen.

Die Natur hält zu diesem Zweck verschiedene Pflanzen mit entsprechender Heilwirkung bereit: Hagebutte, Kokosraspeln, Walnussblätter, Kamille, Meerrettich, Labkraut, Pfefferminze, Brennnessel, Ulmenrinde, Kürbiskerne, Nelken, Fenchel, Kümmel, Gelbwurz (Kurkuma). Viele Hersteller bieten fertige Mixpräparate an.

Nicht für tragende Stuten geeignet und im Übrigen auch doping-relevant sind Kräuter mit Wirkstoffen, die die Muskelkontraktion fördern und vorzeitige Wehen auslösen können: wie Beifuss, Wermut, Thymian, Quassiaholz, Knoblauch. Vorsicht generell bei Zuchtstuten mit der Gabe von Papayablättern. Sie enthalten Wirkstoffe, die die Unfruchtbarkeit fördern können.

Das sollte zur Geburt bereitstehen:

- Einmalhandschuhe
- Saubere Handtücher
- Warmes Wasser
- Seife
- Gleitmittel
- Mit Alkohol verdünnte Jodtinktur
- Mildes Desinfektionsmittel
- Zwei saubere, ausgekochte Geburtsstricke
- Wundpuder
- Scharfe Schere
- Strohbänder oder Ähnliches zum Hochbinden der Nachgeburt
- Babyflasche und Schnuller für den Notfall
- Kleines Klistier (Apotheke)
- Schnaps zum Anstoßen für die Helfer
- Wurmkur für die Stute
- Telefon
- Pferdetransporter für den Notfall

Beobachten Sie die Stute in den letzten Tagen besonders aufmerksam. Halten Sie Fell und Genitalbereich sauber und entfernen Sie vor allem den schmierigen Schmutz, der sich zwischen den Euterhälften ansammelt. Er stellt eine Infektionsgefahr für das Neugeborene dar. Aber bitte nicht ständig ans Euter fassen, sonst kann die Milch frühzeitig einschießen, wertvolles Kolostrum tröpfelt dann schon vor der Geburt und geht dadurch dem Fohlen verloren.

Ruhe ist oberstes Gebot

Pferde brauchen zum Abfohlen das Gefühl der völligen Sicherheit. Viele Stuten fohlen möglichst in Abwesenheit des Menschen. Das gilt besonders für Robustpferde, die meist im Schutz der Dunkelheit alleine auf der Weide gebären. Pferde können die bevorstehende Geburt beschleunigen oder bis zu mehreren Tagen verzögern. So können häufige Kontrollgänge und allgemeine Unruhe dafür sorgen, dass die werdende Mutter die Geburt hinauszögert. „Psychogene Beeinflussung der Gebärmutteraktivität" nennt das der Fachmann. Diese bedingt entweder eine Verstärkung oder ein völliges Erliegen der Wehentätigkeit. In ihrer von der Natur zugedachten Rolle als Beutetier konnte diese Fähigkeit für Stute und Fohlen lebensrettend sein. Unter der Obhut des Menschen ist sie, obwohl jetzt unnötig, erhalten geblieben, kann aber zur Gefahr für das Fohlen werden, wenn die Stute in einem unbeobachteten Moment hastig und verkrampft zu pressen beginnt. Vermeiden Sie daher ständige Störungen zur Zeit des Abfohltermins. Ein Geburtsmelder, den die Stute trägt und der auf Feuchtigkeit der Haut oder das flache Hinlegen reagiert, aber auch ein Babyfon oder eine Videokamera können hier gute Dienste leisten.

Harztropfen am Euter kündigen die bevorstehende Geburt an. (Foto: Dr. Ende)

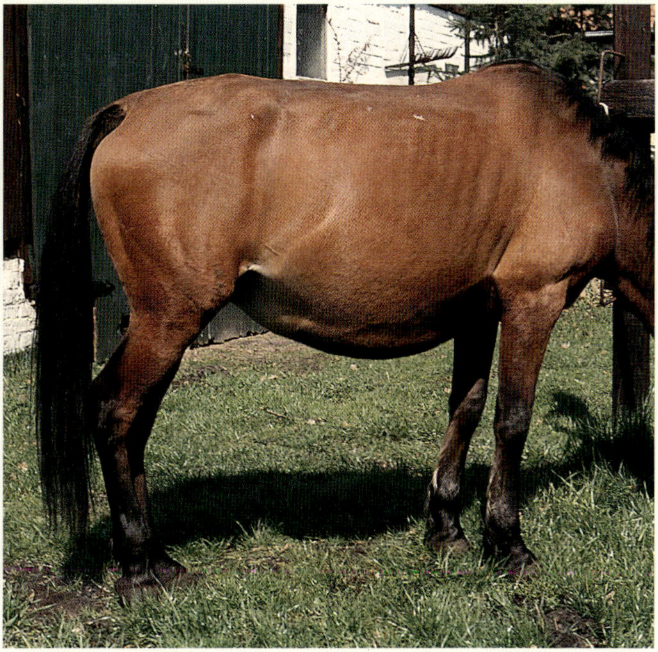

Die Beckenbänder fallen ein. (Foto: Dr. Ende)

Anzeichen der bevorstehenden Geburt

Erste Anzeichen der bevorstehenden Geburt sind eine Umfangszunahme des Euters (Aufeutern) und harzähnliche Tropfen an den Zitzen. Allerdings zeigen sie sich bei manchen Stuten schon bis zu sieben Tagen vor der Geburt oder noch früher, bei anderen erst kurz zuvor. Wenige Stunden vor der Geburt kommt es zu einer zunehmenden Schwellung und Durchsaftung der Scheide und die Beckenbänder werden schlaff. Die Kruppe der Stute ist dann nicht mehr so schön rund, sondern sieht ein bisschen aus wie das Hinterteil einer Kuh. Je näher der Geburtstermin rückt, umso nervöser werden die meisten Stuten. Sie gehen hin und her, kauen nervös am Heu, beginnen eventuell zu schwitzen oder auch zu zittern. Achtung: Es gibt immer wieder Stuten, die ohne diese Anzeichen gebären. Andere verhalten sich ähnlich, wenn das Fohlen nur seine Lage im Mutterleib verändert, ohne dass etwas passiert.

Der normale Ablauf

Unterschieden werden drei Phasen:

1. Eröffnungsphase
2. Austreibungsphase
3. Nachgeburtsphase

Das erste Stadium verläuft unsichtbar für die Außenwelt. Etwa vier Stunden vor der Austreibung steigt die Gebärmutteraktivität an. Diese Eröffnungswehen gleichen einer beginnenden Kolik. Die Stute ist unruhig, scharrt, schwitzt, legt sich hin, steht unter Umständen mehrmals wieder auf, setzt wiederholt Kot und Urin ab. In dieser Phase wird das Fohlen in die Geburtslage gedreht und die Wasserblase zur Eröffnung der Geburtswege in Richtung Muttermund geschoben. Sie erweitert die Geburtswege und platzt meist beim Austritt aus der Scheide von selbst auf. Die meisten Stuten fohlen im Liegen.

Eine normale Pferdegeburt dauert kaum länger als zehn bis 30 Minuten, gerechnet vom Platzen der Wasserblase an. Vermeiden Sie jegliche Eingriffe. Solange keine Komplikationen auftreten, kommt die Stute alleine am besten zurecht.

Mit dem Einreißen der Wasserblase kommt die Austreibung in Gang. Die Stute liegt jetzt in Seitenlage, kräftige Presswehen setzen ein (jeweils drei bis vier alle zwei bis drei Minuten). Manchmal steht die Stute zwischendurch auf, um die Position zu wechseln. Ausgeprägte Wehenschmerzen können durchaus vorkommen. Die Stute wirft sich dann plötzlich heftig zu Boden, stöhnt und schwitzt.

Die Fruchtblase wird sichtbar und in ihr der auf den ausgestreckten Vorderbeinen liegende Fohlenkopf. Der Durchtritt des Kopfes durch das Becken der Mutter ist der schwierigste Moment der Geburt. Danach geht es meist in Sekundenschnelle, und das Fohlen ist da.

Die Eihaut reißt oft schon während der Austreibungsphase.

Dann ist die Atmung des Fohlens gesichert. Wenn nicht, versucht das Fohlen, sich durch Kopfschütteln und Laufbewegungen im Liegen selbst aus den Eihäuten zu befreien, sobald es auf der Welt ist. Durch das Aufstehen der Mutter reißt die Nabelschnur an der dafür vorbestimmten Stelle ab.

Die Nachgeburt löst sich relativ schnell von der Gebärmutter. Normalerweise geht sie 15 bis 120 Minuten nach der Geburt ab. Auch dieser Vorgang kann für den Beobachter aussehen wie eine milde Kolik. Damit die Stute nicht auf die heraushängende Nachgeburt tritt und diese abreißt, bevor der Ablöseprozess beendet ist, sollten Sie diese mit einem Heu- oder Strohband hochbinden.

Ist die Nachgeburt abgegangen, muss sie ausgebreitet und auf Vollständigkeit kontrolliert werden. Wenn Sie unsicher sind, ob sie wirklich vollständig ist, füllen Sie Wasser hinein. Dann lassen sich Löcher am besten erkennen. Hängengebliebene Fetzen der Nachgeburt können zur Gebärmutterentzündung führen. Stellen Sie also fest, dass die Nachgeburt nicht vollständig ist, sollten Sie in jedem Fall den Tierarzt verständigen, um Komplikationen vorzubeugen.

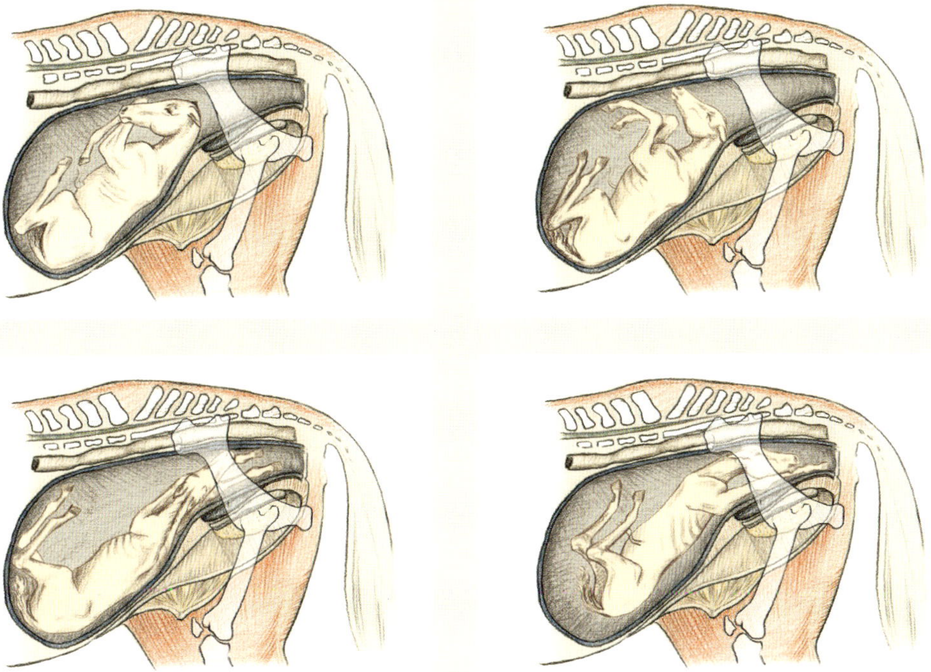

Lageveränderung des Fohlens bei normalem Geburtsverlauf.

Kräftige Presswehen
treiben das Fohlen heraus.

Das Fohlen ist da.

Durch das Aufstehen der Stute
reißen Eihäute und Nabelschnur.

Die Stute befreit das Fohlen
von den Resten der Eihaut.

Das Trockenlecken regt beim
Fohlen Atmung und Kreislauf an.

Erste Aufstehversuche.
(Foto: tierfotoagentur.de/R. Richter)

Künstliche Einleitung der Geburt

Es gibt nur selten Fälle, in denen der Tierarzt die Geburt durch wehenfördernde Mittel künstlich einleiten muss, beispielsweise wenn die Stute bei früheren Geburten Probleme hatte, krank ist, die Geburt stagniert oder Ähnliches. Aus reiner Bequemlichkeit, weil Sie nicht über einen längeren Zeitraum Nachtwache schieben wollen, ist das aber immer abzulehnen. Trotz allen medizinischen Fortschritts bleibt ein Risiko für das Fohlen.

Die natürliche Geburt wird ausgelöst, wenn das ungeborene Fohlen ein Zeichen an die Mutter gibt, dass es nun reif genug ist für ein Leben außerhalb der schützenden Gebärmutter.

Bis jetzt gibt es keine Möglichkeit, die Reife des Fohlens vor der Geburt genau festzustellen. Zu früh geborene (oder geholte) Fohlen können unter Umständen noch nicht genügend entwickelt und daher lebensschwach sein. In den letzten beiden Wochen werden beispielsweise die Lungen erst vollständig ausgebildet.

Die Nachgeburt ist unbedingt auf ihre Vollständigkeit hin zu überprüfen. (Foto: tierfotoagentur.de/R. Richter)

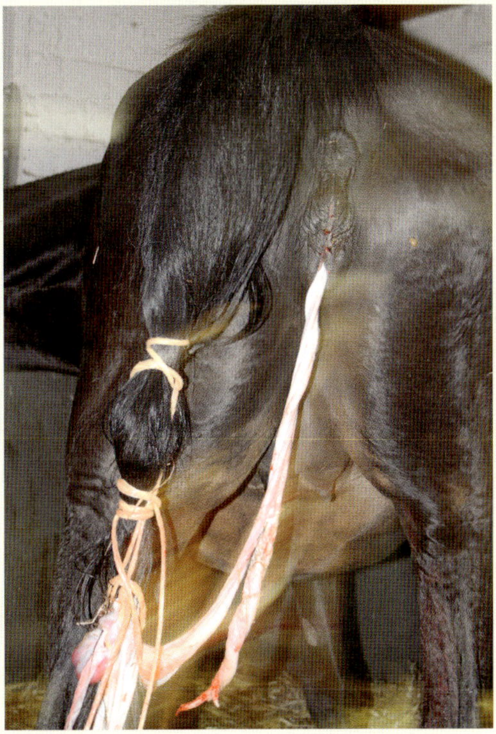

Damit die Stute nicht darauf tritt, kann sie mithilfe eines Strickes hochgebunden werden. (Foto: tierfotoagentur.de/B. Mielewczyk)

(Foto: tierfotoagentur.de/R. Richter)

DER NEUE ERDENBEWOHNER IST ENDLICH DA

Die Versorgung des Neugeborenen

Schon bevor die Nabelschnur reißt, beginnt das gesunde Fohlen mit der Atmung. Lassen Sie Mutter und Kind genügend Zeit und wenn möglich die Nabelschnur von selbst reißen. Vorsicht: Greifen Sie nicht zu früh ein, falls sie einmal nicht von allein reißt. Das Fohlen braucht nach dem Stress der Geburt möglichst jeden Tropfen der vom mütterlichen Kreislauf zugeführten Blutmenge. Waschen und desinfizieren Sie Ihre Hände gründlich. Dann erfassen Sie den Nabelstrang dicht über der deutlich sichtbaren Sollbruchstelle und drehen ihn mit der anderen Hand ab. Tauchen Sie den Nabelstumpf in die Jodtinktur (am besten geht das mit einem kleinen Schnapsglas).

Sobald das Fohlen da ist, beginnt die Mutter, es trocken zu lecken. Sie hilft damit nicht nur beim Entfernen der Eihaut, sondern sorgt auch für eine gute Durchblutung der Haut. Durch die Aufnahme des Geruchs entsteht außerdem eine intensive Bindung der Stute an ihr Fohlen.

Hinweis:
Waschen Sie nach dem Abgang der Nachgeburt Genitalien und Hinterbeine der Stute. Sie können dann besser erkennen, ob sie Ausfluss bekommt oder bei der Geburt Rissverletzungen an Scham und Damm davongetragen hat. Ausfluss ist immer ein Zeichen für eine Entzündung, denn normalerweise resorbieren Stuten die Geburtssekrete. Dann sollten Sie einen Tierarzt zurate ziehen.

Tipp:

Eine stärkende Mash-Mahlzeit und viel gutes Heu helfen der Stute nach der Geburt schnell wieder auf die Beine!

Gekauft:
Die einfache (und meist auch billigere) Variante: Der Handel bietet fertige Mischungen an, die Sie nur noch mit heißem Wasser überbrühen und quellen lassen müssen.

Selbst gemacht:
Wollen Sie Mash selbst herstellen, so kochen Sie zuerst Leinsamen gut ab und vermischen ihn anschließend mit Weizenkleie, Hafer, Haferschrot und Maisflocken nach folgendem Rezept:

- 1 kg Weizenkleie
- 1 kg gequetschten Hafer
- 500 g Haferschrot
- 300 g geschroteten, abgekochten Leinsamen
- 300 g Maisflocken
- 50 g Jodsalz, etwas Honig

Diese Mischung verdünnen Sie mit einem Liter Wasser (oder Früchtetee) und kochen das Ganze kurz auf. Abkühlen und quellen lassen (dabei öfter umrühren) und erst dann noch 100 Gramm Mineralfutter unterrühren.

Wichtig:
Handwarm verfüttern! Nicht länger als einen Tag aufheben und alle Futterreste sauber aus der Futterkrippe entfernen.

Glückliche Momente: Mutter und Kind lernen sich kennen

Jedes Fohlen muss erst lernen, wer seine Mutter ist. Dieser Lernvorgang wird als Prägung bezeichnet. Sie ist zeitlich begrenzt und findet nur in dieser sensiblen Phase statt. Sobald sie einmal abgeschlossen ist, ist die Prägung irreversibel. Doch können Störungen den Lernvorgang beeinträchtigen, eine Fehlprägung sowohl auf andere Lebewesen als auch auf Gegenstände kann entstehen. Deshalb schirmt die Stute ihr Neugeborenes unter natürlichen Bedingungen so gut wie möglich ab. Während die Stute ihr Fohlen etwa eine halbe Stunde nach der Geburt eindeutig erkennen kann, dauert die Prägung beim Fohlen unter Umständen bis zu zwei Tagen. Das Ende erkennt man daran, dass das Fohlen der Mutter aktiv folgt.

Diese Prägephase ist für das Fohlen und seine weitere Entwicklung sehr wichtig. So sollten Störungen durch andere Pferde, aber auch durch Menschen vermieden werden. Man selbst sollte sich zwingen, das Mutterglück ein wenig aus der Distanz zu beobachten, anstatt ständig am Fohlen herumzustreicheln. Solche Pferde entwickeln sich allzu oft zu distanzlosen Pferderüpeln, weil sie etwas ganz Entscheidendes nicht gelernt haben, nämlich die Individual-distanz des Menschen zu respektieren.

Unterdrückung war noch nie eine gute Erziehungsmethode

Aus den USA kam vor einigen Jahren die Imprint-Methode. Ihr Ziel soll es sein, die große Lernfähigkeit des Neugeborenen während der sensiblen Phase zu nutzen und das Pferd parallel zur Mutter auch auf den Menschen zu prägen. So soll das Fohlen den Menschen als Artgenossen anerkennen, sich überall anfassen lassen, wodurch der spätere Umgang und seine Ausbildung erleichtert werden soll. Das Fohlen wird dazu am Boden festgehalten und so lange überall angefasst, bis es dies ohne Abwehrreaktion geschehen lässt. Wichtig ist jedoch, dass die Duldung ohne Angst erfolgt. Und genau das ist das Problem dieser in Fachkreisen kontrovers diskutierten Methode. Kritiker meinen, dass derart behandelte Fohlen zu lebenslang geprägten „Versagern" und „charakterlosen Duldern" werden.

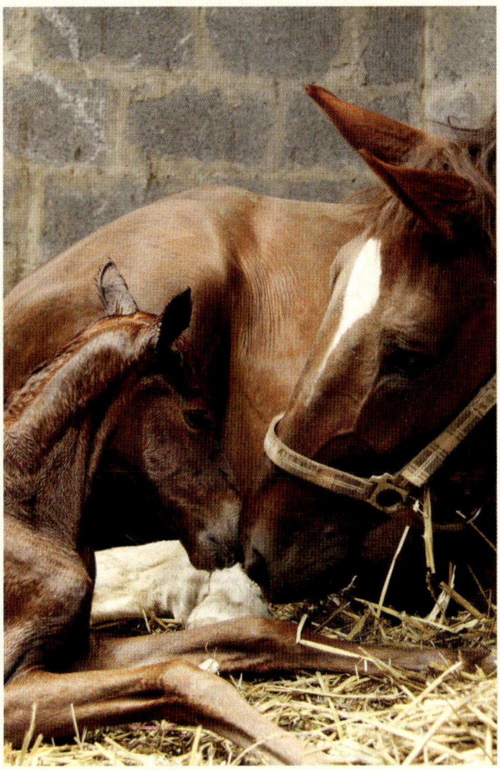

Unmittelbar nach der Geburt beginnt die Prägungsphase, in der das Fohlen zuerst seine Mutter zu erkennen lernt. (Foto: fotolia.com/N. Haase)

Das sogenannte Imprinting kann die Beziehung zwischen Stute und Fohlen nachhaltig negativ beeinflussen und ist abzulehnen. (Foto: C. Slawik)

Wenn die Stute über ihr Mutterglück die guten Manieren vergisst

Reagiert die Stute während der Prägungsphase aggressiv auf den Menschen oder andere Tiere, so ist dies durchaus normal. Halten Sie sich einfach zurück und lassen Sie Mutter und Kind in Ruhe. Nach zehn Tagen jedoch sollte die Stute wieder ihr gewohntes Verhalten zeigen. Ansonsten müssen Sie mit ein wenig Führungstraining Ihrer Rolle als Ranghöherer Nachdruck verleihen. Wie Sie dabei vorgehen, ist stark abhängig von dem, was die Stute bereits kennt. In dieser Zeit mit halbherzigem oder gar ruppigem „Dominanztraining" zu beginnen, ist mehr als fehl am Platze. Oft reicht es, die Stute am Strick seitwärts weichen zu lassen oder wiederholt rückwärts zu schicken. Andere haben einfach nur Angst und sind deshalb aggressiv. Hier sind Sie mit vertrauensbildenden Maßnahmen besser beraten. Aber bitte beides mit der nötigen selbstbewussten Vorsicht! Manche Stuten sind nach der Geburt zunächst nicht wiederzuerkennen und behandeln auch vertraute Bezugspersonen ohne Respekt.

Wenn bei der Geburt etwas schiefgeht

Machen Sie sich keine Sorgen! Nur bei fünf Prozent aller Pferdegeburten müssen wir Menschen Hilfe leisten. Damit Sie jedoch für den Fall der Fälle gewappnet sind, hier eine möglichst vollständige Darstellung möglicher Komplikationen.

> *Hinweis:*
> *Sollte Ihr Eingreifen notwendig werden: Hände gut waschen und desinfizieren. Am besten Einmalhandschuhe tragen!*

DIE EIHÄUTE REISSEN NICHT VON SELBST AUF

In diesem Fall müssen Sie eingreifen und die Eihäute öffnen, denn sonst besteht die Gefahr, dass das Neugeborene erstickt. Legen Sie vorsichtig den Kopf frei. Befreien Sie dann Maul und Nüstern durch Ausstreichen von außen vom Schleim.

Vermeiden Sie mit den Fingern in die Maulöffnung zu fassen – Infektionsgefahr! Zeigt das Fohlen Atembeschwerden, weil es Fruchtwasser eingeatmet hat, muss es schnell ruckartig an beiden Hinterbeinen hochgehoben werden, damit die Flüssigkeit aus Maul und Nüstern abfließen kann. Atmet es nicht von selbst, kann durch Anheben der Schultergliedmaße ein Unterdruck im Brustkorb erzeugt werden, sodass das Fohlen meist spontan atmet.

Nur im Notfall sollten Sie einen Kaltwasserguss auf den Hinterkopf anwenden. Denken Sie daran, das Fohlen anschließend mit sauberem, trockenem Stroh abzureiben.

DIE GEBURT STOCKT

Sind Kopf und beide Vorderfüße des Fohlens zu sehen und es geht trotzdem nicht voran, so können Sie mit sanftem Zug an den Füßen vorsichtig nachhelfen.

Wichtig: Der Zug muss nach hinten unten und immer nur mit einer Wehe erfolgen. Weil die äußere Scheide, besonders bei erstgebärenden Stuten, leicht einreißt, schieben Sie die über das Fohlen gespannte Haut der Scham mit der flachen Hand in Richtung Stute.

STEISSLAGE

Hierbei liegt das Fohlen mit den Hinterbeinen voran. Rufen Sie in jedem Fall sofort den Tierarzt. Nur selten gebären Stuten Fohlen in Steißlage ohne Komplikationen.

EIN BEIN NACH HINTEN ABGEWINKELT

Ist außer dem Fohlenkopf nur ein Fuß zu sehen und die Geburt gerät ins Stocken, so greifen Sie mit der sauberen, durch Seife oder Gleitmittel schlüpfrig gemachten Hand an der anderen Seite des Kopfes am Hals des Fohlens entlang bis zum zweiten Vorderbein. Oft gelingt es, das umgeknickte Bein oder den verklemmten Fuß wieder gerade zu richten. Gelingt Ihnen das nicht, rufen Sie sofort den Tierarzt und versuchen die Stute aufzutreiben, damit diese die Geburt unterbrechen muss.

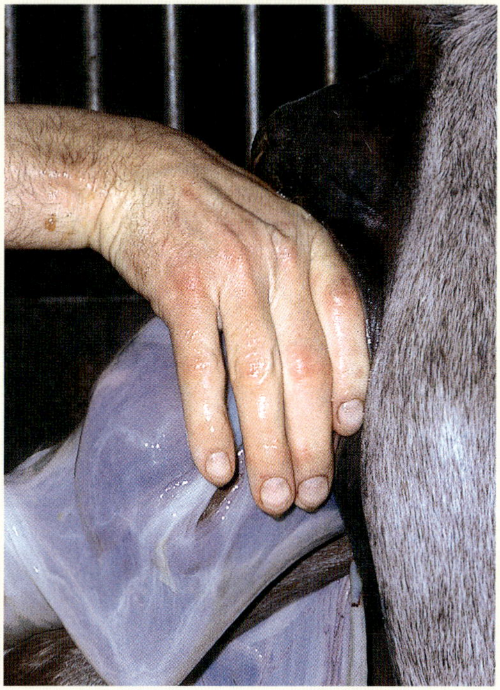

Hilfestellung bei der Geburt muss mit Know-How und Gefühl erfolgen. (Foto: Dr. Ende)

Schauen die Vorderbeine des Fohlens lediglich ungleichmäßig heraus, sollten sie durch abwechselnden Zug auf gleiche Höhe gebracht werden. Gelingt das nicht, sollten Sie die Stute zum Aufstehen bewegen.

Meist rutscht das Fohlen durch sein Eigengewicht wieder ein Stück in die Gebärmutter hinein.

Rufen Sie Fachleute zu Hilfe und versuchen Sie, die Stute bis zu deren Eintreffen hinten höher zu stellen (beispielsweise durch Aufschichten von Stroh). Vorsicht jedoch, wenn sich der Brustkorb des Fohlens bereits im Geburtsweg befindet. Dann darf die Geburt in keinem Fall unterbrochen, sondern muss unbedingt beschleunigt werden (vorsichtiges Ziehen wie oben beschrieben). Ansonsten kann das Fohlen in diesem Stadium leicht ersticken.

WENN DAS FOHLEN ZU GROSS IST

Ist das Fohlen im Verhältnis zum Becken der Stute zu groß, kann es zu einer schweren Geburt kommen. Das kann vor allem passieren, wenn das Fohlen von einer Leihmutter ausgetragen wird. Das Fohlen kann dann im Geburtskanal stecken bleiben und unter Umständen ersticken, oder die Nabelschnur kann vorzeitig reißen.

Jetzt braucht Ihre Stute Hilfe:

Geburtshilfe ist nötig, wenn

- anstatt der bläulich-weißen Eihaut eine rötliche Blase zum Vorschein kommt. Das ist die Plazenta. Sie muss unverzüglich geöffnet werden.
- die innere Eihaut nicht erscheint.
- der Kopf oder die Vorderbeine in der inneren Eihaut nicht erscheinen.
- die Wehen ausbleiben oder die Frucht trotz Wehen nicht weiter herauskommt.
- die Stute während der Austreibungsphase ständig aufsteht und sich wieder hinlegt.
- das Fohlen falsch liegt – das ist immer dann der Fall, wenn nicht beide Vorderbeine und Kopf als Erstes kommen.

DURCHTRETEN DER GEBÄRMUTTER

In seltenen Fällen strampeln die Fohlen während des Geburtsvorgangs heftig mit den Hinterbeinen. Dabei können sie die Stute unter Umständen innerlich lebensgefährlich verletzen. Zeigt die Stute nach der Geburt kolikartige Symptome, sind ihre Schleimhäute blass und schwitzt sie weiterhin, muss an diese Möglichkeit gedacht werden.

Rufen Sie sofort den Tierarzt und versuchen Sie möglichst viel Kolostralmilch (siehe auch Unterkapitel *Natürliche Schluckimpfung*) abzumelken, denn es könnte sein, dass Sie die Mutter aufgrund innerer Blutungen verlieren. Bereiten Sie einen Transport vor.

NACHGEBURTSVERHALTUNG

Etwa zwei bis drei Stunden nach der Geburt schließt sich der Muttermund wieder. Hat sich die Nachgeburt bis dahin nicht oder nicht vollständig abgelöst, so müssen Sie in jedem Fall den Tierarzt verständigen. Es besteht ansonsten die Gefahr einer Selbstvergiftung mit schwerwiegenden gesundheitlichen Folgen für die Stute (Gebärmutterentzündung und Hufrehe).

WIRBEL- UND BECKENBLOCKADEN DURCH DIE GEBURT

Zeigt sich das Gangbild der Stute nach der Geburt verändert, beispielsweise dadurch, dass sie mit einem Hinterbein deutlich kürzer oder seitlich an der Spur des Vorderbeins vorbei tritt, taktunrein geht oder sogar lahmt, sollten Sie von einem Fachmann kontrollieren lassen, ob durch die Geburt eine Beckenschiefstellung oder Blockaden der Wirbelsäule verursacht wurden.

AGGRESSIVES VERHALTEN DER STUTE

Verhält sich die Stute gegenüber ihrem Nachbarn aggressiv, entfernen Sie diesen am besten.

Manche erstgebärende Stuten, insbesondere solche, die jahrelang in anonymen Reitställen und Einzelboxen gehalten wurden, reagieren mitunter aggressiv auf das Fohlen. Manche treten nach dem noch liegenden Neugeborenen, andere verwehren das Saugen durch Beißen oder Treten. In der Regel sind einfach der Mangel an Erfahrung und die Folge der gerade erlebten Ängste und Schmerzen die Ursache.

Auf keinen Fall darf die Stute dann bestraft werden. Versuchen Sie vielmehr sie zu beruhigen, sanft festzuhalten und ihr das Fohlen mit viel Lob nahezubringen und saugen zu lassen. So lernt sie, das Kleine mit etwas Positivem zu verbinden. Meist führt das erste Saugen ohnehin zu einer positiven Erfahrung: Der Druck am Euter lässt nach. Außerdem werden Endorphine (Glückshormone) freigesetzt.

Werden Stute und Fohlen direkt nach der Geburt gestört, so kann die Mutter-Kind-Bindung wesentlich negativ beeinträchtigt werden. Manchmal richtet die Stute dann die Abwehrreaktion auf ihr Kind anstatt auf den Störenfried.

Eher selten tritt aggressives Verhalten der Stute ohne erkennbaren Grund auf. Mit solchen Stuten sollte man nicht weiterzüchten.

Nimmt die Stute ihr Fohlen nicht an, so können auch Bachblüten helfen. Fragen Sie jemanden, der sich damit gut auskennt, nach der richtigen Mischung und verreiben Sie zehn bis 15 Tropfen mehrmals täglich auf der Stirn der Stute.

Tipp

Kennen Sie niemanden, der die richtige Mischung genau für Ihre Stute feststellt, so können Sie mit folgenden Bachblüten – auch als Mischung – arbeiten (Tropfen in Wasser-Alkohollösung (3:1) verdünnen):

- Star of Bethlehem – gegen das Trauma
- Crab Apple – bei Abneigung gegen das Säugen
- Holly – bei aggressivem Verhalten
- Mimulus – bei ängstlichem Verhalten
- Rock Rose – bei Panikreaktion
- Olive – gegen die Erschöpfung

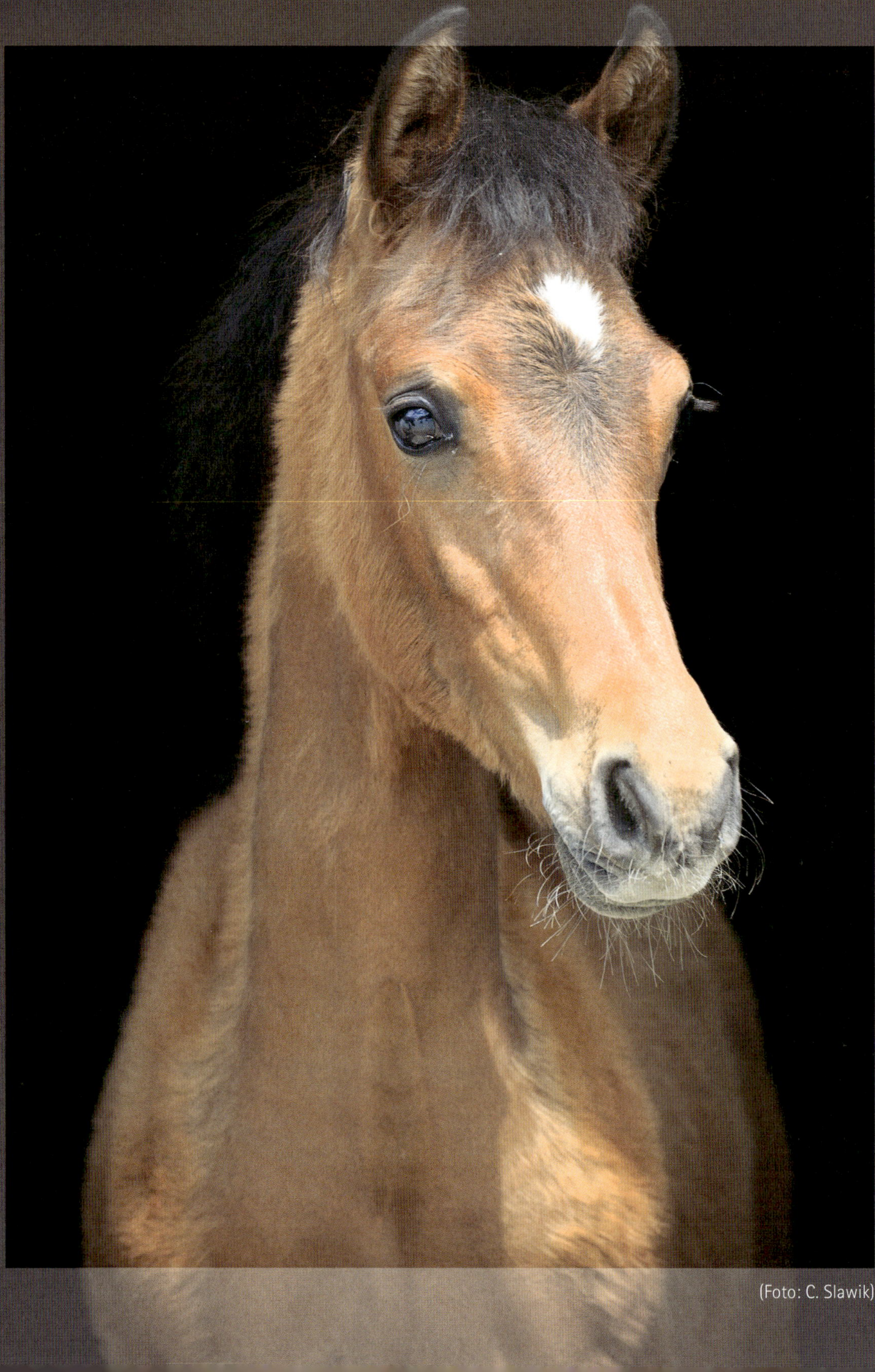

(Foto: C. Slawik)

WENN DIE ERSTE AUFREGUNG VORÜBER IST

Ist das Fohlen gesund?

Ist die Geburt normal verlaufen, so sollten Sie Mutter und Kind erst einmal in Ruhe lassen. Freuen Sie sich über den neuen Erdenbürger. Haben Sie Geduld und versuchen Sie auf keinen Fall, das Fohlen gleich aufzuheben und ans Euter zu zwingen. Normalerweise wird das Fohlen dies innerhalb der ersten Stunde von alleine schaffen. Auf keinen Fall sollten Sie die Stute melken und dem liegenden Fohlen Milch aus der Saugflasche anbieten. Das verzögert bei einem gesunden Fohlen nur das Annehmen des Euters. Bei einem lebensschwachen Fohlen nützt diese Maßnahme alleine ohnehin nichts.

Spätestens nach zwei Stunden steht ein gesundes Neugeborenes und hat das Euter gefunden. Der Saugreflex ist dann längst vorhanden. Er ist erkennbar an der zur Rinne gefalteten Zunge (Saugzunge) und setzt etwa 20 Minuten nach der Geburt ein. Das Saugen ist deutlich zu hören. Am sich begeistert bewegenden Schweifchen erkennen Sie, dass die Milch fließt. Nach der ersten Milchmahlzeit findet das Fohlen das Euter von Mal zu Mal schneller und zielstrebiger.

Das Trinken hat neben der ernährenden auch eine beruhigende Wirkung. Das kann man beobachten, wenn sich das Fohlen erschreckt hat oder von der Mutter getrennt war. Es beginnt sofort zu saugen, sobald es wieder im Schutz der Mutter ist.

Hinweis:
Neugeborene Fohlen gehen vier- bis siebenmal pro Stunde zum Trinken ans Euter. Beobachten Sie dies aufmerksam in den ersten Stunden. Häufigere Versuche lassen auf Probleme bei der Stute schließen (beispielsweise zu wenig Milch). Seltenere sind immer ein Hinweis auf mögliche Gesundheitsstörungen beim Fohlen. Beim gesunden Fohlen fließt keine Milch aus den Nüstern heraus.

Natürliche Schluckimpfung

Anders als beim Menschen bekommt das Fohlen von der Mutter keine Abwehrstoffe mit auf den Weg. Aufgrund der sogenannten Plazentaschranke können vor der Geburt keine Immunstoffe aus dem mütterlichen Blutkreislauf in den des Fohlens gelangen. Es wird also völlig ohne Schutz gegen ansteckende Krankheiten geboren. Die Fähigkeit, selbst Abwehrstoffe zu bilden, entwickelt sich erst allmählich im Laufe der ersten drei Lebensmonate. Deshalb enthält die Stutenmilch während der ersten Lebenstage die sogenannte Kolostral- oder Biestmilch, besonders viele Immunstoffe (Immunglobuline). Die Natur hat es außerdem so eingerichtet, dass der Darm des Neugeborenen durchlässig ist für diese doch recht großen Eiweißmoleküle. Danach werden die Immunglobuline wie andere Proteine (Eiweiße) verdaut. Die ersten Stunden sind also entscheidend: Nimmt das Fohlen in dieser Zeit nicht genügend Kolostralmilch auf, so wird es anfällig für Krankheiten.

Erfahrene Züchter frieren deshalb in jedem Jahr einen kleinen Vorrat der Kolostralmilch für das nächste Jahr ein. So sind sie vorbereitet, wenn eine Stute zu wenig Milch hat oder vielleicht sogar bei der Geburt stirbt. Wichtig: Vorsichtig

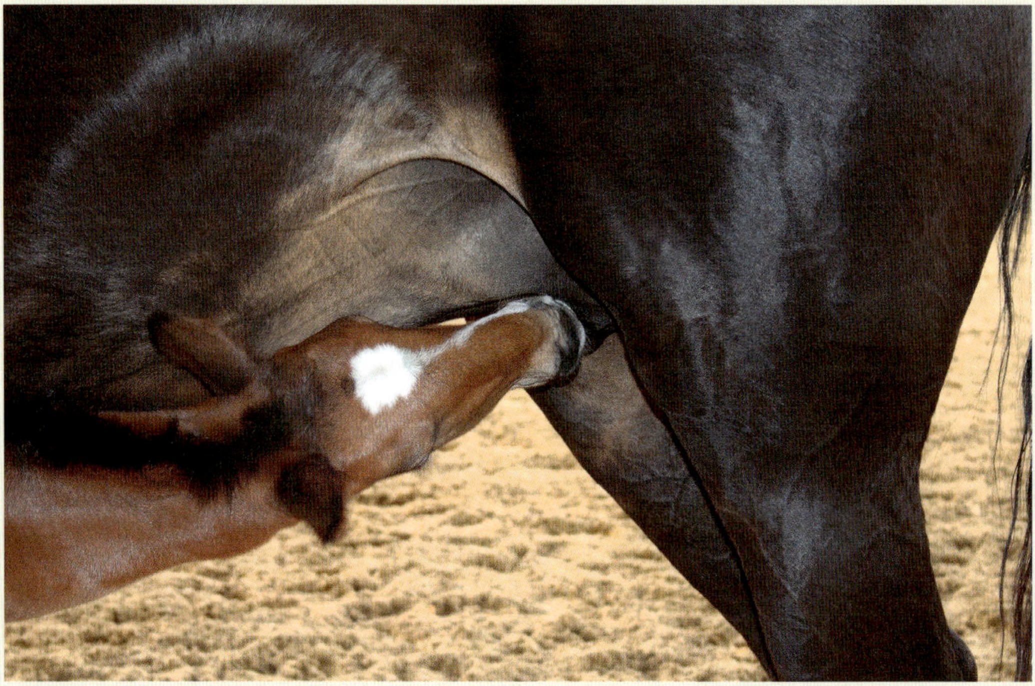

Der Saugreflex ist angeboren. (Foto: tierfotoagentur.de/B. Mielewczyk)

im Wasserbad und nicht in der Mikrowelle erwärmen.

Weil die Biestmilch vollständige Antikörper gegen die wichtigsten Krankheitserreger aus dem Lebensumfeld der Mutter enthält, sollten Sie die Stute im letzten Trächtigkeitsmonat auf keinen Fall in einen neuen Stall bringen. Auch die Abfohlbox sollte sie zu diesem Zeitpunkt möglichst schon beziehen.

Achten Sie auf Sauberkeit

Die Stallhygiene ist gerade während der ersten Lebenstage des Fohlens besonders ernst zu nehmen. Das Fohlen sollte auf keinen Fall an schmutzigen Gegenständen lecken (auch nicht an schmutzigen Händen!). Nicht umsonst sind ansteckende Fohlenkrankheiten bei Weidehaltung deutlich seltener als bei Stallhaltung. Tägliches Misten im Fohlenstall ist absolutes Muss.

Kein Grund zur Sorge: Kotfressen in den ersten Tagen

Es ist völlig normal, wenn Ihr Fohlen in den ersten Lebenstagen vom frischen Kot der Mutter frisst. Das hilft ihm beim Aufbau der eigenen Darmflora. Nur mehrere Tage alter oder verwurmter Mist ist schädlich und kann schwere Durchfälle auslösen.

Viele Tierärzte empfehlen, der Stute am ersten Tag nach der Geburt eine Wurmkur mit dem Wirkstoff Ivermectin, den Sie von der Bekämpfung der Dassellarven kennen, zu verabreichen.
Damit sollen die häufig im Euter befindlichen Larven des Zwergfadenwurms bekämpft und eine Ansteckung des Fohlens vermieden werden.
Betroffene Fohlen erkranken schon in den ersten Lebenstagen an schwerem Durchfall!
Die Gefahr, dass eine regelmäßig entwurmte Stute mit Zwerfadenwurmlarven infiziert ist, ist jedoch eher gering, sodass auf eine prophylaktische Ivermectingabe verzichtet werden kann.

Wann müssen Sie Milch zufüttern?

Hat die Stute zu wenig Milch oder nimmt sie das Fohlen nicht an, bleibt keine andere Wahl, als das Fohlen zuzufüttern. Mittlerweile gibt es verschiedene Hersteller, die Milchpulver speziell für Fohlen anbieten. Hier wird der Tierarzt Auskunft geben können, oder Sie schauen ins Internet. Auch am Ende des Buches finden Sie entsprechende Adressen.

Kuhmilch wird wegen ihrer Zusammensetzung nicht gut von Fohlen vertragen. Sie sollte nur im absoluten Notfall verabreicht werden und dann nur nach folgendem Rezept: Zwei Teile Milch versetzt mit einem Teil abgekochtem Wasser. Pro Liter der verdünnten Milch gibt man einen Esslöffel Milch- oder Traubenzucker (40 Gramm) hinzu. Das Ganze wird körperwarm gegeben. Vorsicht: Achten Sie darauf, den Kopf des Fohlens nicht nach hinten zu überstrecken. Sonst kann Flüssigkeit in die Lunge geraten.

Wichtig für alle, die Milchpulver füttern: Die darin enthaltenen Mineralstoffe sind schwerer als der Rest und setzen sich am Boden des Eimers oder Sacks ab. Deshalb bitte alle paar Tage wenden! Sonst bekommt Ihr Fohlen am Anfang zu wenig und später eine Überdosis Mineralstoffe.

Die Größe des Euters sagt nicht unbedingt etwas über die Milchergiebigkeit aus. Ein relativ kleines Euter muss Ihnen also keineswegs Sorge bereiten, solange das Fohlen sich gut entwickelt. Achten Sie jedoch darauf, dass das Fohlen beide Euterhälften gleichmäßig annimmt. Verschmäht es eine Seite, so kann das entweder ein Hinweis auf eine Erkrankung der einen Euterhälfte sein, oder aber auf der nicht genügend angenommenen Seite kann es durch die zurückgebliebene Milch zu einer Entzündung kommen.

Unverträglichkeit der Biestmilch

In seltenen Fällen kommt es vor, dass ein Fohlen allergisch auf die Kolostralmilch reagiert. Dann hat die Stute während der Trächtigkeit Antikörper gegen Antigene des Fohlens gebildet, die jetzt über die Milch übertragen werden. Sie gelangen durch die Darmwand in das Blut des Fohlens und rufen die Abstoßungsreaktion hervor: Das Fohlen zittert, wird zunehmend schwächer und bekommt Gelbsucht. In diesem Fall müssen Sie das Kleine etwa fünf Tage mit Ersatzmilch einer anderen Stute (wichtig: muss auf jeden Fall Immunstoffe enthalten!) versorgen.

Ihre Stute hat zu wenig Milch

Eine zu geringe Milchleistung kann verschiedene Ursachen haben:

- Die Stute ist zu dick.
- Die Stute ist krank.
- Die Stute trinkt zu wenig.
  Eine wenig bekannte Ursache dafür kann ein blockiertes Zungenbein sein!
- Die Stute bekommt zu wenig Futter, vor allem zu wenig hochwertiges Eiweiß.
- Das Fohlen ist schwach oder krank und saugt zu selten.

Die Stute wird in dieser Zeit gemolken, damit die Milchproduktion erhalten bleibt. Die Milch vernichten Sie oder frieren sie als Notreserve für andere Fohlen ein. Nach wenigen Tagen kann das Fohlen wieder ohne Gefahr bei der Mutter trinken, weil dann keine Antikörper mehr die Darmwand passieren können.

Euterentzündung

Schlägt die Stute ihr Fohlen ohne erkennbaren Grund ab, so müssen Sie immer an eine schmerzhafte Euterentzündung denken. Aber auch während der Trächtigkeit kann eine solche Entzündung bereits auftreten. Dabei wird das Euter schmerzempfindlich, heiß und hart und schwillt an. Da die Stute zwei kleine Milchkanäle pro Zitze besitzt, kann im Gegensatz zur Kuh keine Spülung durchgeführt werden. Die Behandlung muss systemisch, also per Injektion und über das Futter erfolgen. Rufen Sie in jedem Fall den Tierarzt hinzu! Schlecht ausgeheilte Entzündungen können die Milchdrüse irreversibel schädigen. Außerdem ist die Milch während der Entzündung mit Keimen belastet und die Milchleistung nimmt ab, wodurch auch das Fohlen geschädigt wird. Kühlen ist als Ersthilfemaßnahme auf jeden Fall geeignet – jedoch sollte es kein eiskaltes Wasser oder Umschlag sein.

Auf speziellen Fohlenhöfen finden verwaiste und kranke Fohlen intensive Pflege.
Dort gibt es auch Ammenstuten, die fremde Fohlen annehmen und aufziehen können. (Foto: Dallmer)

Wenn die Stute stirbt

Verstirbt die Stute bei oder kurz nach der Geburt, so wäre die Aufzucht des Fohlens bei einer Ammenstute für alle Beteiligten sicher die beste Lösung, selbst wenn Sie Ihr Fohlen dann unter Umständen aus der Hand geben müssen. Vielleicht lässt sich der Stutenbesitzer aber auch darauf ein, sein Pferd zu Ihnen zu geben. Den Kontakt zu Züchtern, bei denen das Fohlen gerade verstorben ist, können Tierärzte oder Zuchtverbände herstellen. Beim Tränken von Hand muss das Fohlen anfangs alle zwei Stunden getränkt werden; nachts mindestens alle drei Stunden, später in vierstündigem Abstand. Am ersten Tag sollte das Fohlen insgesamt mindestens 1,5 Liter Milch trinken. Diese Menge wird täglich gesteigert, bis sie nach einer Woche bei rund 15 Litern täglich, verteilt auf mindestens sechs Mahlzeiten, liegt. Oft kommt es bei künstlich aufgezogenen Fohlen zu einem Mangel an Vitamin A und D. Das kann unter Umständen zur Rachitis führen. Fragen Sie den Tierarzt nach geeigneten Vitaminpräparaten, die Sie der Aufzuchtmilch beimischen können.

Vorsicht jedoch mit übermäßiger Vitaminzufuhr. Eine Vitamin-D-Überdosierung beispielsweise kann die Knochenzusammensetzung ungünstig verändern.

Die Aufzucht mit der Flasche sollte einer Aufzuchtstation für Fohlen vorbehalten bleiben. (Foto: C. Slawik)

Die Fohlen neigen dann schneller zu Knochenbrüchen.

Noch ein Fohlen im nächsten Jahr?

Planen Sie, mit Ihrer Stute weiter zu züchten, so sollten Sie dazu nicht gleich die Fohlenrosse (etwa neun Tage nach der Geburt) nutzen, sondern lieber bis zur nächsten Rosse (wieder drei Wochen später) warten.

In Züchterkreisen hält sich die Meinung beharrlich, dass eine Bedeckung in der Zeit der Fohlenrosse besonders Erfolgversprechend sei. Dies konnte jedoch durch wissenschaftliche Untersuchungen nicht bestätigt werden.

Tatsächlich werden nur rund 40 Prozent der in der Fohlenrosse gedeckten Stuten tragend und bekommen ein gesundes Fohlen. Trächtigkeitsprobleme und Fruchtresorptionen sind bei so früh wieder bedeckten Stuten weitaus häufiger als bei anderen. Die Hauptfunktion der Fohlenrosse ist nämlich das Reinigen der Geburtswege. Die abgesonderten Sekrete wirken dabei einer Infektion entgegen.

Zudem verkraftet das Fohlen mit fünf bis sechs Wochen einen eventuell notwendigen Transport besser als wenige Tage nach der Geburt.

Beim natürlichen Decken steht das Fohlen vor der Stute. (Foto: C. Slawik)

(Foto: tierfotoagentur.de/R. Richter)

DIE WICHTIGSTEN FOHLENKRANKHEITEN

Bei allen Jungtieren ist der Verlauf von Krankheiten meist schneller und drastischer als beim erwachsenen Tier. Deshalb gilt hier ganz besonders: Vorbeugen ist wichtiger als Heilen! Ist das Fohlen jedoch erkrankt, kommt es darauf an, dies rasch erkennen zu können und sofort fachgerechte Hilfe zu leisten beziehungsweise herbeizuholen. Mattigkeit, Abgeschlagenheit und Teilnahmslosigkeit sind absolute Alarmzeichen. Auch bei kleinen Unpässlichkeiten sollten Sie sofort die Temperatur kontrollieren. Die normale Körpertemperatur des Fohlens liegt in den ersten Tagen mit 39 Grad Celsius allerdings über der des erwachsenen Pferdes (37,5 bis 38,2 Grad Celsius). Beim 14 Tage alten Fohlen gelten Werte über 38,5 Grad Celsius als krankhaft.

Darmpechverhalten

Als Darmpech (oder Mekonium) bezeichnet man die relativ feste, dunkelbraune und klebrige Masse, die sich während der vorgeburtlichen Entwicklung im Fohlendarm bildet. 500 bis 800 Gramm Darmpech gehen in den ersten zwölf Stunden nach der Geburt portionsweise ab.

Meist geschieht das ohne Probleme, weil die Kolostralmilch eine abführende Wirkung hat. Danach muss das Fohlen gelb-braunen Milchkot absetzen.

Hinweis:
Wird die Stute schon vor der Geburt mit ausreichend Natrium versorgt, kann einem Darmpechverhalten des Fohlens vorgebeugt werden. Dazu geben Sie am besten bis 40 besten jodiertes Kochsalz pro Tag mit ins Kraftfutter.

Das Darmpech besteht aus abgestorbenen Darmschleimhautzellen, Haaren, Fett, Darmsekret und Gallenfarbstoff. (Foto: C. Slawik)

Hinweis:
Müssen Sie Ihr Fohlen vom Tierarzt behandeln lassen oder Fieber messen, so nehmen Sie es dazu am besten in den Arm, indem Sie einen Arm um die Fohlenbrust, den anderen um den Hinterschenkel unterhalb des Schweifs legen. Bitte auf keinen Fall den kleinen Schweif als „Griff" benutzen, wie man das leider so häufig sieht. Wehrt sich das Fohlen oder wird hier zu rüde zugepackt, sind Band- oder Muskelverletzungen, eventuell sogar knöcherne Schäden im Bereich des Schweifgrundgelenkes die Folge. Betroffene Pferde behalten ein Leben lang einen schiefen oder schlappen Schweif. Manche bekommen später sogar Probleme mit dem Kreuzbein, das hier ansetzt, und damit oft eine eingeschränkte Aktivität der Hinterhand.

Doch manchmal bildet das Darmpech im hinteren Darmabschnitt einen so festen Kotballen, dass dies nicht passiert. Hengste sind davon häufiger betroffen als Stutfohlen, da ihr Becken enger ist.

Oft kommt es bei übertragenen Fohlen vor. Die Folge: Das Darmpech wird immer mehr eingedickt. Das Fohlen kann den nachfolgenden ersten Kot (Milchkot) nicht ausscheiden. Es kommt zu einer gefährlichen Verstopfung.

Das betroffene Fohlen ist unruhig, schlägt lebhaft mit dem Schweifchen. Dann wälzt es sich und dreht den Kopf in Richtung des hinteren Bauchbereiches. Die Symptome ähneln denen einer Kolik. Trotzdem kann es zwischendurch immer wieder lebhaft am Euter saugen.

Viele Züchter geben den Fohlen routinemäßig zur Vorbeugung eine Mischung aus halb Stutenmilch und halb Paraffinöl aus der Saugflasche mit einem Säuglingsschnuller, dessen Öffnung mit der Schere etwas vergrößert wird, ein. Wichtig hierbei: Hände gründlich waschen! Geht das Darmpech nicht von selbst ab, hilft oft auch ein Seifeneinlauf (Klistier). Doch Vorsicht: Die Darmschleimhaut des neugeborenen Fohlens ist sehr empfindlich. Keine Manipulation mit harten Gegenständen! Falls Sie mit dem Finger prüfen wollen, ob Darmpech festsitzt, vorher Fingernagel kurz und rund schneiden und den Finger beziehungsweise Handschuh gut ölen. Achten Sie auch darauf, den Klistierbehälter tief zu halten, damit der Wasserdruck im Darm nicht zu stark ansteigt, in diesem Fall besteht Zerreißungsgefahr! Halten Unruhe und Koliksymptome auch nach Abgang des Darmpechs an oder dauert es länger als drei Stunden, sollten Sie den Tierarzt hinzuziehen.

Fohlenlähme

Nach wie vor ist die Früh- oder Fohlenlähme die häufigste Todesursache bei Fohlen. Die Ansteckung erfolgt während der ersten Lebensstunden über einen schlecht desinfizierten Nabel, eventuell sogar schon im Mutterleib. Die Krankheit kommt während der ersten Tage zum Durchbruch. Das Fohlen ist matt, trinkt kaum noch und bekommt geschwollene Gelenke. Oft tritt Fieber auf. Wird die Fohlenlähme rechtzeitig erkannt, kann der Tierarzt das Leben des Fohlens oft noch retten. Meistens treten jedoch Folgeschäden auf (beispielsweise Knorpelschäden an den Gelenken). Lassen Sie die Mutterstute vor dem achten Trächtigkeitsmonat vorbeugend impfen, sodass das Fohlen die Abwehrstoffe über die Milch erhält. Allerdings ist der Erfolg nicht immer hundertprozentig. Viele Tierärzte verabreichen daher lieber vorsorglich ein Langzeitantibiotikum während der ersten Lebensstunden. Davon ist nach neuesten Erkenntnissen bei gesunden Fohlen aber unbedingt abzuraten! Unstillbare, tödlich verlaufende Durchfälle können die Folge einer solchen Behandlung sein!

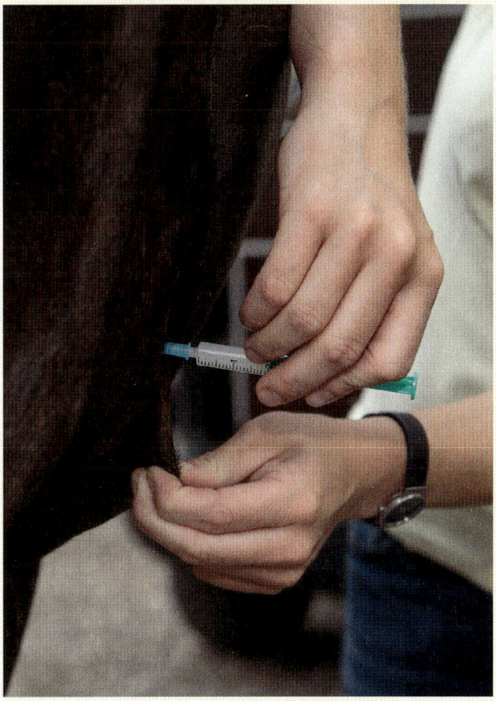

Ab dem achten Trächtigkeitsmonat kann die Stute vorbeugend geimpft werden, sodass das Fohlen gegen Fohlenlähme geschützt ist. (Foto: tierfotoagentur.de/N. Noack)

Hinweis:
So sehr es Ihnen auch an die Nieren geht, falls Ihr Fohlen stirbt: Bitte denken Sie auch an die Stute! Lassen Sie das tote Fohlen acht bis zehn Stunden bei der Mutter. Sie wird es beschnuppern, mit den Hufen anstoßen und anschließend im Stroh verscharren. Nach einigen Stunden hat sie es vergessen. Nehmen Sie es dagegen sofort weg, wird sie sich noch tagelang aufregen, suchen und wiehern. Kühlen Sie das Euter der Stute und reduzieren Sie drastisch die Kraftfutterration, damit die Milchbildung zurückgeht und keine Euterentzündung entsteht.

Besser ist eine sogenannte Lebendvakzine, die im Labor aus dem Blut eines älteren, gesunden Stallgenossen hergestellt wird (dieses hat erfahrungsgemäß den höchsten Gehalt an Abwehrstoffen gegen alle stallspezifischen Krankheitserreger im Blut). Die Herstellung einer solchen Vakzine dauert etwa drei Wochen.

Denken Sie also rechtzeitig vor dem Geburtstermin daran. Gekühlt beziehungsweise eingefroren lässt sie sich über längere Zeit lagern. Das Fohlen bekommt davon jeweils am ersten und zehnten Lebenstag eine Injektion. Möglich ist auch eine Vollblutinfusion von diesem älteren Stallgenossen.

Zur Kontrolle, ob Ihr Fohlen genügend Antikörper gegen Fohlenlähme im Blut hat, können Sie vom Tierarzt einen Schnelltest durchführen lassen. Dazu wird dem Fohlen etwas Blut entnommen und direkt im Stall auf den Gehalt an Immunglobulinen untersucht.

Wichtig: Lassen Sie diesen Test so früh wie möglich vornehmen – am besten nach zwölf und 24 Stunden.

Sinnlos und gefährlich ist auch die immer wieder empfohlene Injektion von Eisenpräparaten direkt nach der Geburt (um die Blutbildung zu verbessern). Sie ist nur bei tatsächlich nachgewiesenem Eisenmangel angezeigt. Fragen Sie dazu Ihren Tierarzt.

Durchfall

Es gibt verschiedene Formen von Durchfall:

NICHTANSTECKENDER DARMKATARRH IN DEN ERSTEN LEBENSTAGEN

Der nichtansteckende Durchfall in den ersten Lebenstagen äußert sich durch mehr oder weniger heftigen gelblichen Durchfall ohne üblen Geruch. Die Körpertemperatur bleibt normal. Abhilfe schafft meist eine kurze Hungerdiät mit dann folgendem kontrolliertem, etwas verringertem Saugenlassen. Nur in hartnäckigen Fällen müssen vom Tierarzt verordnete Medikamente eingegeben werden. Vorsicht bei flüssigen Medikamenten: Der Kehlkopf des Pferdes ist so konstruiert, dass Flüssigkeiten leicht in die Lunge laufen können.

Dadurch können sie leicht eine gefährliche Verschluck-Lungenentzündung verursachen. Achten Sie deshalb bei der Eingabe von Flüssigkeiten darauf, den Kopf des Fohlens nicht nach hinten zu überstrecken!

ANSTECKENDER DARMKATARRH

Ansteckender Darmkatarrh ist grauweißlicher, stinkender Durchfall, der oft mit Blut vermischt ist und die Fohlen schwächt. Die betroffenen Tiere haben Fieber, sind matt und oft apathisch. Die Krankheit ist hartnäckig, sehr gefährlich und hoch ansteckend. Rufen Sie so schnell wie möglich den Tierarzt hinzu!

PHYSIOLOGISCHER (NORMALER) DURCHFALL AM NEUNTEN LEBENSTAG

Er wird durch die einsetzende Rosse der Stute verursacht und muss in der Regel nicht behandelt werden. Ein Tipp: Reiben Sie die Aftergegend des Fohlens in dieser Zeit mit Melkfett ein, um Haarausfall zu vermeiden.

Öfter wird dieser Durchfall am neunten Tag jedoch durch den Befall mit Zwergfadenwürmern verursacht, deren Larven das Fohlen mit der Milch aufgenommen hat.

Fohlendurchfall kann noch weitere Ursachen haben:

- Die Stute hat zu viel Milch. Dann trinkt das Fohlen das Euter nicht ganz leer. Die Beschaffenheit der Milch verändert sich und Keime können sich im Euter ansiedeln. In solchen Fällen sollte die Stute etwas Diät halten – vor allem auf Kraftfutter verzichten, dafür reichlich gutes Heu bekommen.
- Fressen von älterem Kot (beispielsweise wegen Eisen- und Vitaminmangel)
- Belecken von Stallwänden, Gegenständen, Salzlecksteinen, Saugen an schmutzigen Händen
- Weidegang auf frisch gedüngten Flächen
- Spielen an der Tränke
- Wurmbefall – auch wenn dies nicht immer zum Durchfall führt, schadet er der Entwicklung des Jungtiers und macht es anfälliger für Erkrankungen jeder Art. Eine Kotuntersuchung ist beim Fohlen wenig aussagekräftig, da die in ihm schmarotzenden Würmer auch noch jung sind.

Hinweis:
Durchfallkranke Fohlen brauchen vor allem eine intensive Betreuung. Sie trocknen rasch aus. Eventuell muss sogar Flüssigkeit über einen Tropf zugeführt werden.

Spätlähme

Die Spätlähme wird im Anfangsstadium oft mit einer Lahmheit verwechselt (man denkt beispielsweise an einen Tritt durch die Stute oder Ähnliches). Kontrollieren Sie vorsichtshalber bei jeder Steifheit oder Schwellung eines Gelenks, vor allem an den Hinterbeinen, die Körpertemperatur des Fohlens und beobachten Sie seinen Allgemeinzustand! Meist sind zuerst die Sprunggelenke, dann Knie- und Karpalgelenk (Vorderfußwurzelgelenk) betroffen. Die Gelenke sind warm und geschwollen. Manchmal kommen noch zusätzliche Symptome wie Husten, Durchfall oder eine Schwellung des Nabels hinzu. Im fortgeschrittenen Stadium können die Fohlen nicht mehr aufstehen. Dann kann selbst ein erfahrener Tierarzt das Fohlen in den meisten Fällen nicht mehr retten.

Nabelentzündung

Bei einer Nabelentzündung haben die betroffenen Fohlen Fieberschübe und werden zunehmend schwächer. Der Nabelstumpf ist verdickt und schmerzempfindlich.

Nabelinfektionen können Folgeerkrankungen nach sich ziehen wie beispielsweise Fohlenlähme. Umgekehrt können diese Erkrankungen auch erst durch eine solche Infektion ausgelöst werden. In jedem Fall muss der Tierarzt behandeln!

Nabelbruch

Zu erkennen ist ein Nabelbruch an einer mindestens erbsengroßen Schwellung rund um den Nabel. Er tritt meist im Alter von etwa vier Wochen auf, bei Hengstfohlen häufiger als bei Stuten. Manchmal kommt es zu kolikartigen Erscheinungen. Diese können ein Hinweis darauf sein, dass sich im Nabelbruchsack ein Stück Darm eingeklemmt hat. Nicht nur wegen dieser möglichen Komplikation sollten Sie einen Nabelbruch immer vom Tierarzt behandeln lassen. Mit scharfen Einreibungen oder einem kleinen Eingriff im Stehen lässt sich das Problem meist beseitigen.

Blasenriss

Wird der Fohlenkörper bei einer schweren Geburt stark gequetscht, kann das, vor allem bei männlichen Fohlen, einen Blasenriss auslösen. In den ersten zwei Tagen zeigen solche Fohlen meist noch keine besonderen Anzeichen.

Hinweis:
Kontrollieren Sie den Nabel in den ersten Wochen nach der Geburt regelmäßig. Aber bitte möglichst nicht berühren, denn auch dadurch kann eine Entzündung verursacht werden.

Der Harn wird nur unvollständig ausgeschieden und läuft teilweise in die Bauchhöhle. Dies führt zu einer schleichenden Selbstvergiftung. Achten Sie deshalb auf häufiges Liegen, mangelnde Sauglust, Abgeschlagenheit und kolikartige Symptome ab dem zweiten Tag. Auch der Bauch kann anschwellen. Wird das Problem früh genug erkannt, haben die Fohlen eine gute Chance: Der Riss kann in einer Operation genäht werden.

Fohlenhusten

Bei einem Katarrh der oberen Luftwege husten die Fohlen anfangs nicht richtig, sondern prusten nur auffällig oft. Später fließt aus beiden Nüstern eitriger Schleim. Verkleben die Nüstern, so entsteht ein seltsames Atemgeräusch. Meist haben die Fohlen weder Fieber noch sind die Lymphknoten geschwollen. Auch das Allgemeinbefinden bleibt normal.

In der Regel klingen die Krankheitsanzeichen nach einiger Zeit von selbst ab. Achten Sie jedoch peinlich auf Stallhygiene und gute Luftverhältnisse im Stall. Waschen Sie die Nüstern regelmäßig aus und reinigen Sie täglich alle beschmutzten Gegenstände (auch Wände), mit denen das Fohlen in Berührung kommt.

Das Fohlen sollte viel frische Luft bekommen und darf in den Auslauf, solange es fieberfrei ist – aber bitte nur bei gutem Wetter! Um sicherzugehen, sollten Sie bei jedem Husten des Fohlens den Tierarzt um Hilfe bitten.

Lungenentzündung

Eine Lungenentzündung kann sich aus jeder Erkältung entwickeln, wenn sich Eiterbakterien in der Lunge abkapseln, oder auch durch Verschlucken beim Einflößen von Flüssigkeiten. Sie ist in jedem Fall lebensgefährlich. So schnell wie möglich den Tierarzt rufen!

Manchmal haben die Fohlen wochenlang hohes Fieber, ohne dass verabreichte Medikamente anschlagen. Eventuelle Spätschäden sind nicht ausgeschlossen.

Druse

Die Druse ist eine bakterielle Infektion mit Streptokokken, die Jungtiere jeden Alters befallen kann. Erwachsene Pferde sind hingegen weitaus seltener betroffen. Erkrankt ein Fohlen, bekommt es hohes Fieber, ist schlapp und frisst schlecht oder gar nicht.

In den Lymphknoten des Kopfbereichs sammelt sich Eiter, der Schluckbeschwerden verursacht. Diese können so stark werden, dass beim Trinken nur ein Teil der Milch (oder des Wassers) abgeschluckt werden kann und der Rest zu den Nüstern herausfließt. Kommt es auch zu einer Einschränkung der Atmung, so muss der Tierarzt die Eiterabszesse öffnen.

Häufig tritt die Druse als Komplikationserkrankung nach einer harmlos erscheinenden Viruserkrankung auf.

Die Druse ist eine hochinfektiöse Erkrankung, die man vor allem an dem stark geschwollenen Kehlgang erkennt. Hier ist unbedingt ein Tierarzt hinzuzuziehen! (Foto: MSD Tiergesundheit)

Die Erreger werden durch Tröpfcheninfektion von Tier zu Tier übertragen, können aber auch durch den Menschen verschleppt werden. Besonders ansteckend ist der Eiter, wenn die Lymphknotenabszesse im Kehlgang aufbrechen oder eröffnet werden.

Zusätzlich zu der medikamentösen Behandlung durch den Tierarzt haben sich Hausmittel wie feuchtwarme Heublumen- oder warme Leinsamenpackungen und Einreiben des Kehlbereichs mit Lorbeeröl bewährt.

Druse muss intensiv behandelt werden, denn ansonsten können sich Eiterherde auch in inneren Organen festsetzen und zu schwerwiegenden Veränderungen führen. Als Folge der Druse können auftreten:

- kümmerliche Entwicklung
- Kehlkopfpfeifen
- chronische Lahmheit
- Brustfellentzündung
- Augenentzündung bis hin zum Erblinden
- Vereiterung der Luftsäcke
- Lähmung des Schluckreflexes

Unfälle

Kleine oder größere Unfälle kommen in fast jedem Pferdeleben einmal vor. Nicht immer ist der Pferdebesitzer dabei, wenn etwas passiert. Auch Fohlen können beim Toben auf der Weide hinfallen, Verletzungen durch Bisse oder Tritte davontragen, im Zaun hängen bleiben und, und, und ...

Stürze auf das Becken, seitliches Wegrutschen der Hinterhand, Überschlagen, Tritte in die Brust oder auch auf die Kruppe (wenn insbesondere Hengstfohlen im Spiel auf andere aufsteigen) kommen ebenfalls häufiger vor als man denkt. Beim seitlichen Anrempeln oder wenn beispielsweise zwei Fohlen gleichzeitig durch einen zu engen Durchgang laufen wollen und hängen bleiben, blockiert häufig das Buggelenk.

Selbst viele erfahrene Züchter – und leider auch viele Tierärzte – erkennen zwar den veränderten Bewegungsablauf der betroffenen Fohlen (Nachziehen eines Beines, Lähmungen, seitliches Vorbeifußen an der Spur des gleichseitigen

Vorderbeins und so weiter) oder auch plötzlich schief wachsende Hufe, sehen aber keine Verbindung zu Blockierungen und Beckenschiefstand.

Wann immer Ihr Fohlen verändert im Wesen, im Bewegungsablauf oder in der Form der Hufe ist, Muskelbereiche dicker oder deutlich flacher erscheinen, sollten Sie einen Osteopathen oder Physiotherapeuten zurate ziehen.

Blockierungen müssen rasch beseitigt werden, damit das im Wachstum befindliche Pferd keine Folgeschäden für sein ganzes Leben behält. Manche Züchter merken erst beim Anreiten, das etwas nicht stimmt. Dann ist es meist zu spät! Leider kennen sich nur wenige Therapeuten mit der Behandlung von Fohlen aus. Sie haben in ihren Ausbildungen meist nur gelernt, dass man bei den Kleinen besonders vorsichtig sein muss, aber nie praktische Erfahrungen sammeln können. Daher geben sie lieber den Rat, erst einmal abzuwarten als möglicherweise einen Behandlungsfehler zu riskieren. Drängen Sie als Fohlenbesitzer also ruhig darauf, dass auch behandelt wird.

Ein Beispiel aus meiner Praxis: Ein Quarterhorse Hengstfohlen war im wilden Spiel frontal gegen eine Heuraufe gelaufen. Dadurch war eine Blockierung im Übergang zwischen Hals- und Brustwirbelsäule entstanden. Der Hals wirkte bereits wenige Tage nach dem Unfall viel zu kurz, so als sei das Fohlen von vorne gestaucht worden. Es mochte sich überhaupt nicht mehr bewegen und weigerte sich, eigenständig Heu vom Boden zu fressen. Der Bewegungsablauf der Vorhand war deutlich verändert. Die Schritte wurden kurz und abgehackt. Galopp vermied es komplett. Schon nach wenigen Tagen zeigte es alle Folgen einer Schonhaltung und großen Schmerzhaftigkeit. Eine einzige manuelle Behandlung brachte alles wieder ins Lot.

Zum Zeitpunkt der Behandlungsanfrage durch den Züchter war das Fohlen noch nicht handzahm, ließ sich nur unwillig berühren. Doch nach einer vorsichtigen Annäherungsphase schien es sofort zu verstehen, dass ihm geholfen werden sollte. Da die Vorderhufe aufgrund der Blockierung bereits nach wenigen Tagen schief gewachsen waren, wurde eine Hufkorrektur nötig, und auch die ließ sich der Hengst gern gefallen, wie die Fotos zeigen.

Tipp:
Wenn Sie keinen Pferdefachtherapeuten finden, der Ihr Fohlen behandeln kann, und Sie einen Humanphysiotherapeuten oder -osteopathen im Bekanntenkreis haben, kann dieser Ihnen eventuell weiterhelfen. Stellen Sie ihm ein Pferdeanatomiebuch zur Verfügung. Die Behandlungstechniken bei Mensch und Pferd ähneln sich zum Teil. Oder Sie suchen nach Therapeuten, die energetisch arbeiten. Alle Versuche sind besser als nichts zu unternehmen!

Schon nach wenigen Minuten genießt der kleine wilde Hengst die Behandlung.

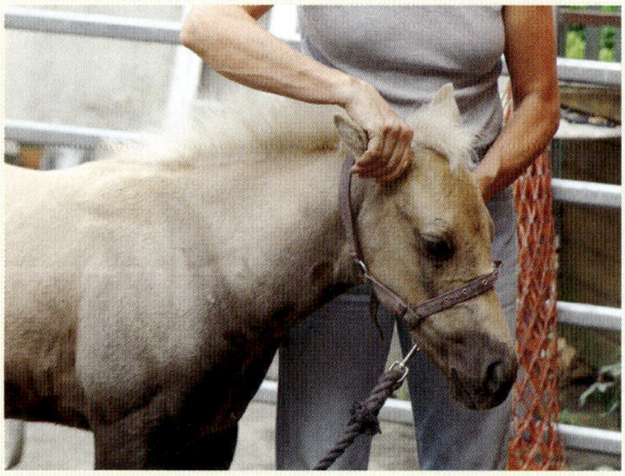

Viele Verspannungen im Kopf- und Genickbereich ...

... lassen sich über die Ohren lösen.

Mit einem Finger im Maul wird das Fohlen zum Abkauen veranlasst, ...

... dadurch lösen sich Blockierungen im Kiefergelenk und Genick.

Über Ziehen an der Mähne werden tiefer liegende Strukturen entlang des Nackenbandes gelockert.

Eine intensive Massage des Schulterbereichs ...

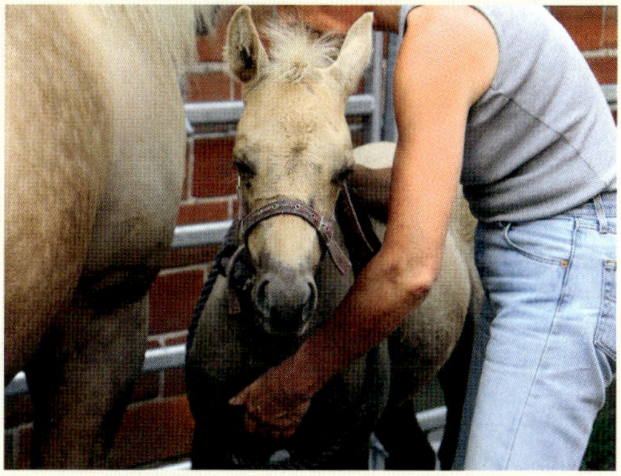

... bereitet die Mobilisation vor.

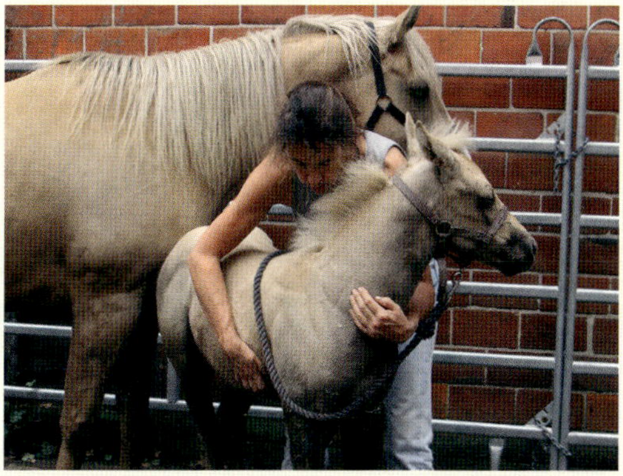

Durch tiefes Ausstreichen werden die Bereiche zwischen den Rippen gelockert.

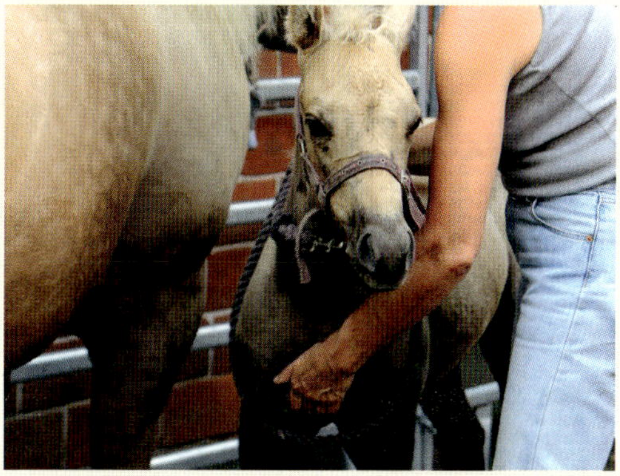

Mit diesem Griff wird das Brustbein leicht angehoben.

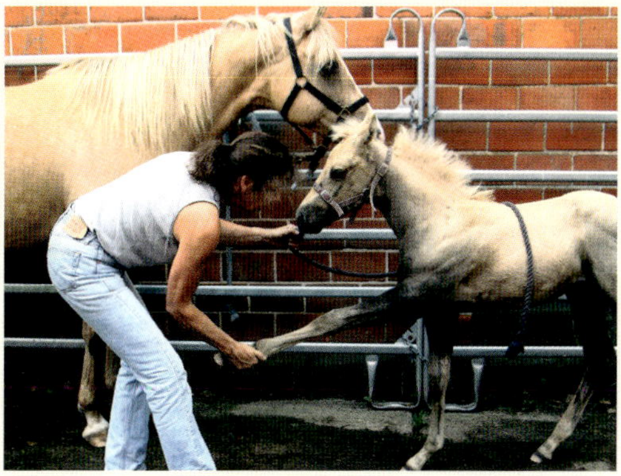

Diese Übung muss mit viel Bedacht ausgeführt werden. Der kleine Hengst arbeitet hier aktiv mit.

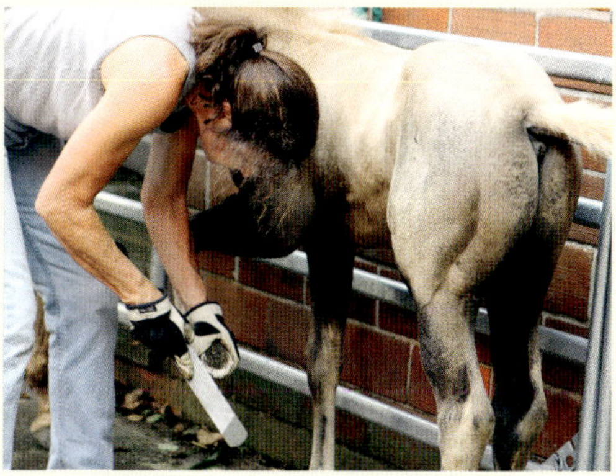

Eine Korrektur der Vorderhufe komplettiert die Behandlung. (Fotos: D. Mette †)

(Foto: C. Slawik)

WIE FÜTTERN SIE RICHTIG?

Die Trächtigkeit und anschließende Zeit des Milchgebens (Laktation) bedeutet für den Körper der Stute eine enorme Leistung. Sie wirkt sich im Hinblick auf die Fütterung völlig anders aus als beispielsweise hohe Leistungsanforderungen bei der sportlichen Nutzung. Besonders groß sind die Auswirkungen bei einer Doppelbelastung, also dann, wenn die tragende Stute zusätzlich geritten oder gefahren wird.

Rein rechnerisch betrachtet setzt sich die Fütterung von Zuchtstuten, wie die aller anderen Pferde auch, aus zwei Komponenten zusammen: dem Erhaltungsbedarf und dem Leistungsbedarf.

Unter dem Erhaltungsbedarf versteht man den Bedarf für den Erhalt der Körpermasse und für das Aufrechterhalten aller Stoffwechselvorgänge. Er ist abhängig von Typ, Körpermasse, Alter und gegebenenfalls Haltungsbedingungen (insbesondere Temperatur und Witterung) und bleibt bei der Zuchtstute relativ konstant.

In puncto Leistungsbedarf müssen Sie vier Phasen unterscheiden:

1. niedertragende Stute
(erster bis siebter Monat)
2. hochtragende Stute
(achter bis elfter Monat)
3. laktierende Stute
(Saugfohlen bei Fuß)
4. leere Stute
(nach dem Absetzen des Fohlens)

Hinzurechnen müssen Sie dann noch den Bedarf für eine eventuelle sportliche Leistung Ihrer Stute (Reiten). Das hört sich komplizierter an, als es ist. Entscheidend ist die Qualität und Ausgewogenheit der verwendeten Futtermittel, nicht so sehr die Menge. Überfütterung wirkt sich sogar schädlich aus: Dicke Stuten werden deutlich schlechter tragend als schlanke!

Unverzichtbar für die Stutenfütterung ist bestes Heu. Es kann durch kein anderes Futtermittel ersetzt werden.

NUR NICHT DES GUTEN ZU VIEL

Dieser Leitsatz gilt generell für die Pferdefütterung, ganz besonders aber für Zuchtstuten.

Verfettung verringert grundsätzlich die Fruchtbarkeit. Dicke Stuten sind oft unfruchtbar! Nicht tragende Stuten, die keine Milch geben, sollten in gutem Futterzustand, aber nicht zu fett zum Hengst kommen. Das bedeutet, die Rippen sind fühlbar, aber nicht sichtbar, die Kruppe ist rund. Dazu benötigen Stuten, die nicht gearbeitet werden, nicht mehr als den Erhaltungsbedarf. Achten Sie auf ein gutes Verhältnis der Mineralstoffe Calzium und Phosphor (Ca:P 1,5 bis 1,7:1) sowie auf eine ausreichende Versorgung mit den für das Fruchtbarkeitsgeschehen besonders wichtigen Vitaminen A und E. Vitamin A kann der Pferdekörper aus dem Provitamin A (Betacarotin) selbst herstellen. Betacarotin kommt in allen grünen Pflanzenteilen sowie in Möhren, Roter Bete und anderem vor.

Im Hinblick auf die Fütterung ist ein später Decktermin günstiger als eine Bedeckung im Winter. Sowohl die niedertragende als auch die voll in Milchleistung stehende Stute kommt dann in den vollen Genuss der Weidesaison. Damit werden die Fütterung der Stute und die ersten Monate der Fohlenaufzucht für Sie wesentlich einfacher als bei der Stallhaltung.

Niedertragende Stuten sind durch Weidegang, ergänzt durch ein Mineralfutter, meist ausreichend versorgt.

Achten Sie insbesondere in den ersten acht Wochen nach dem Decken darauf, dass keine Futterumstellung erfolgt! Das heißt: Vorsicht, wenn gerade jetzt die Weidesaison beginnt! In dieser Zeit ist der Embryo besonders empfindlich gegenüber Umwelteinflüssen. Ein zusätzlicher Bedarf an Nährstoffen besteht jetzt aber noch nicht.

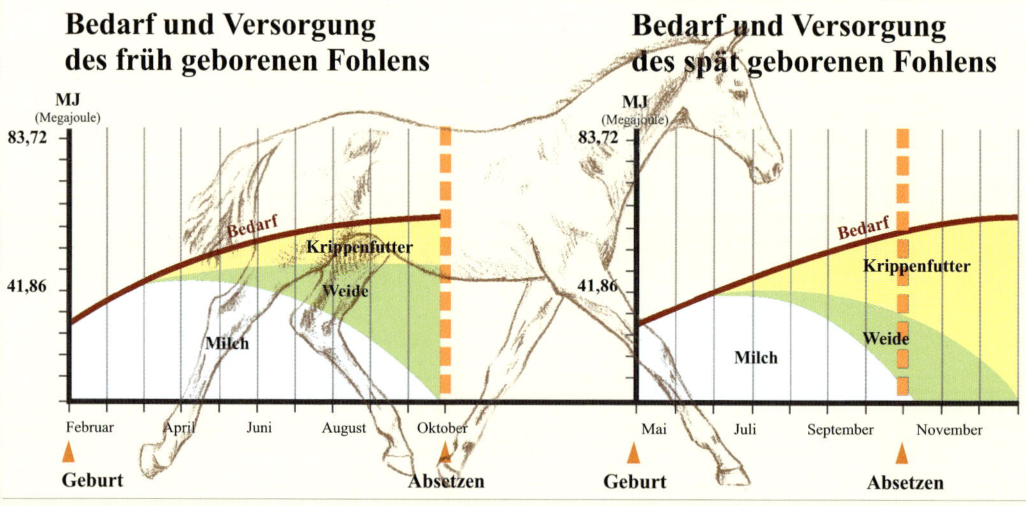

Hochträchtigkeit – jetzt braucht die Stute mehr Futter!

Neben ausreichender Bewegung spielt die Ernährung der Mutterstute für die Entwicklung des Fohlens im Mutterleib die wichtigste Rolle. Ein Mangel an bestimmten Nährstoffen kann sich unterschiedlich auf verschiedene Organe auswirken, ohne dass Sie dem Fohlen bei der Geburt etwas ansehen.

In der Hochträchtigkeit und während der ersten Laktationszeit benötigt die Stute ausreichend hochwertiges Futter. (Foto: tierfotoagentur.de/R. Richter)

Außerdem zeigen neueste wissenschaftliche Erkenntnisse, dass Ernährungsstörungen der Stute durchaus Auswirkungen auf mehr als eine Generation haben.

Besonders entscheidend sind die letzten zwei bis drei Monate der Trächtigkeit, denn jetzt wächst das Fohlen beträchtlich. Achten Sie deshalb besonders in dieser Zeit auf optimale Haltungsbedingungen und richtige Fütterung der Stute, aber bitte mit dem nötigen Augenmaß.

Die Stute darf weder abmagern noch fett werden. Füttern Sie reichlich Heu bester Qualität sowie bis zu 0,5 Kilogramm pro 100 Kilogramm Lebendmasse (LM) Zuchtstutenfutter (wichtig: 15 Prozent Rohproteingehalt!) pro Tag.

Zuckerrübenschnitzel, die gut eingeweicht werden sollten sowie Leinsamen regen die Darmtätigkeit an. Achten Sie in dieser kritischen Zeit noch mehr als sonst auf die besondere Qualität aller Futtermittel.

Hinweis:
Kürzen Sie einige Tage vor dem Abfohlen moderat die Heuration der Stute. Dadurch wird der Verdauungstrakt des Pferdes entlastet. Achten Sie dann aber darauf, dass die Stute nicht umso mehr Stroh zu sich nimmt!

Bedenken müssen Sie auch, dass das wachsende Fohlen den Verdauungsraum zunehmend einschränkt. Die meisten Stuten fressen zum Ende der Trächtigkeit nicht mehr so viel und brauchen daher konzentriertes Futter und viele kleine Mahlzeiten.

Ganz wichtig ist die ausreichende Versorgung mit Mineralstoffen, Vitaminen- und Spurenelementen. Füttern Sie lieber spezielles Zuchtstutenfutter, wenn Sie wenig Erfahrung in Sachen Fütterung haben. Bei Eigenkompositionen besteht schnell die Gefahr einer Unter- oder Überversorgung. Beides kann zu schweren Skelettschäden bei Stute und Fohlen führen, und auch Spätschäden haben hier oft ihre Ursache.

Jetzt sind es zwei – doppelte Ration?

Füttern Sie die Stute in den ersten Tagen nach der Geburt zunächst eher knapp, weil die Milchleistung erst langsam ansteigt, und erhöhen Sie die Ration allmählich auf eine Menge von bis zu 1,5 Kilogramm Kraftfutter pro 100 Kilogramm Körpergewicht. Verteilen Sie die Kraftfutterration auf mindestens fünf Mahlzeiten am Tag! Die Heuration bleibt ebenfalls bei einer Menge von mindestens 1,5 Kilogramm pro 100 Kilogramm Körpergewicht und wird dann mit zunehmender Weidezeit langsam reduziert.

Das sollte ein Mischfutter für hochtragende und laktierende Stute enthalten:

• Rohprotein	15 Prozent
• Calcium	1 bis 1,2 Prozent
• Phosphor	0,4 bis 0,5 Prozent
• Natrium	0,2 bis 0,3 Prozent
• Vitamin A	30.000 IE
• Vitamin E	300 mg
• Vitamin D	3.000 IE
• Jod	< 1 Milligramm

Zusammensetzung:
Aufgeschlossene Getreide (geschält oder geflockt), Sojaextraktionsschrot, Pflanzenöle, Leinsamen, Melasse, Bierhefe, Trockenschnitzel, Vitamine- und Mineralstoffe

(Angaben: Prof. Dr. Manfred Coenen, Institut für Tierernährung, Tierärztliche Hochschule Hannover)

Hinweis:
Hat die Stute wenig Appetit oder gibt nicht genug Milch, haben sich Malzbier und Rote-Bete-Saft (unter das Futter gemischt) bewährt.

Da sowohl die Stuten als auch die Weidegrundlagen sehr unterschiedlich sein können, sollten Sie auf jeden Fall eine Untersuchung des Grundfutters (Gras, Heu, Silage) auf seinen Nährstoffgehalt vornehmen lassen sowie genaue Rationsberechnungen durchführen.

Hilfestellung leisten Ihnen entsprechende Fachbücher, unabhängige Fütterungsberater (also nicht Vertreter eines bestimmten Futtermittelherstellers) sowie entsprechende PC-Programme.

Die Kosten für das Erstellen eines maßgeschneiderten Fütterungsplans lohnen sich in jedem Fall, denn zum einen wollen Sie Stute und Fohlen optimal versorgt wissen, zum anderen sind qualitätvolle Futtermittel nicht gerade billig. Eine korrekte Berechnung hilft Geld zu sparen.

Hinweis:
Achten Sie in der Weidezeit auch auf die Zinkversorgung der Stute. Die mittleren Zinkgehalte im Weidegras liegen nämlich mit 30 bis 40 Milligramm pro Kilo Trockensubstanz deutlich unter dem Bedarf von laktierenden Stuten. Dieser liegt bei 50 Milligramm pro Kilo.
Ein Zinkmangel beeinträchtigt die Neubildung von Haut, Haaren sowie Hufhorn und erhöht die Neigung zu Infektionen.

Diese Folgen können Fehler bei der Stutenfütterung für Ihr Fohlen haben

- **Zu geringer Energiegehalt**
  Fruchtresorption
- **Natriummangel**
  verzögerter Darmpechabgang
- **Jod (Mangel/Überschuss)**
  Lebensschwäche, Kropf
- **Selenmangel**
  Immunschwäche,
  eventuell Muskelerkrankung
- **Selenüberschuss**
  Hufdeformationen, Leberschäden
- **Kupfermangel**
  Störungen an Gliedmaßen,
  Blutbildungsstörungen und Nerven
- **Vitamin-A-Mangel**
  Fehlbildung der Augen, Gaumenspalten

(Nach Meyer und Coenen 1995 in Busch und Zerobin (1995): Fruchtbarkeitskontrolle bei Groß- und Kleintieren)

Für die Fütterungszeit kann es sinnvoll sein, die Stuten und Fohlen zu trennen sowie für jeweils einzelne Futterplätze zu sorgen, damit jedes Pferd in Ruhe die ihm zugedachte Portion aufnehmen kann. Somit kann unnötiger Stress für Mensch und Tier vermieden werden.

(Foto: tierfotoagentur.de/Alexa P.)

DIE KINDERSTUBE PRÄGT DAS GANZE LEBEN

Noch einmal ein bisschen Bürokratie

ABSTAMMUNGSNACHWEIS UND BRANDZEICHEN

Wenn die Stute bei einem Zuchtverband eingetragen ist, dann erhalten Sie zu Beginn des Jahres einen Deck- oder Besamungsschein von Ihrem Zuchtverband. Dieser muss dem Hengsthalter vor der Bedeckung übergeben werden. Für Neuzüchter hält der Hengsthalter entsprechende Blankoformulare bereit.

Am Ende der Decksaison reicht der Hengsthalter alle Deckscheine beim Zuchtverband ein, der dem Züchter wiederum eine Durchschrift zustellt. Diese sollte vom Züchter sorgfältig aufbewahrt werden, denn sie ist die Grundlage für die Abfohlmeldung.

Innerhalb der vom Zuchtverband festgelegten Frist (in der Regel 28 Tage) muss die Geburt des Fohlens bei Ihrem Zuchtverband gemeldet werden. Die Abfohlmeldung bleibt jedoch weiterhin bei Ihnen und wird erst bei der Fohlenregistrierung benötigt.

Anlässlich eines Termins des Zuchtverbandes wird das Fohlen bei Fuß der Mutter identifiziert (das heißt Farbe und Abzeichen werden aufgenommen), es kann gechipt und in Abhängigkeit der Zuchtbuchordnung des Zuchtverbandes gebrannt werden. Erst danach kann die Ausstellung einer Zuchtbescheinigung erfolgen. Zu diesem Termin benötigen Sie die Abfohlmeldung und/oder den ausgefüllten Deckschein.

Auf den zentralen Fohlenschauen erhalten die besten Fohlen dann eine Prämierung.

Über die Voraussetzungen und Termine der Registrierung gibt der jeweilige Zuchtverband Auskunft.

Nach wie vor ist ein Brandzeichen das sicherste Erkennungszeichen für ein Pferd. (Foto: tierfotoagentur.de/R. Richter)

Das Brandzeichen wird zusammen mit einer zweistelligen Nummer, die auch im Pferdepass und in der Eigentumsurkunde auftaucht, auf den linken Hinterschenkel gebrannt.

Die aktuelle Gesetzgebung erlaubt den Heißbrand ohne lokale Betäubung in Deutschland noch bis 2018, ab 2019 nur unter Anwendung einer örtlichen Betäubung. Das EU-Recht ist davon noch abweichend, hier wird zur Drucklegung des Buches noch über eine einheitliche Regelung debattiert.

Es gibt eine sehr kontroverse Diskussion um Wirkung und Langzeitfolgen des Heißbrandes und Mikrochips. Es ist jedoch eine Tatsache, dass der Chip ein Fremdkörper ist, der im Körper eine Abstoßungsreaktion in Form einer Entzündung hervorrufen kann und diese im besten Fall in einer Verkapselung des Chips „endet".

Häufig hingegen sind langfristige Entzündungen, ein Wandern des Chips, der diesen unlesbar und unter Umständen unauffindbar macht. Ein wandernder Chip kann starke Beschwerden verschiedenster Art hervorrufen und es kann ein langwieriges Diagnoseverfahren werden, bevor ein Chip als Verursacher gefunden wird. Eine Entfernung ist nur mittels eines chirurgischen Eingriffs machbar, in vielen Fällen jedoch überhaupt unmöglich. Ein Heißbrand, der fachgerecht ausgeführt wird, verursacht in aller Regel keine Beschwerden und hat keine Langzeitfolgen.

Beim Brennen werden die Haare bis auf die Wurzeln weggebrannt. Damit sich die Stelle nicht entzündet, können Sie vorsorglich einige Tage lang eine Brandsalbe oder besser noch ein Brandgel auftragen. Manchmal muss nach dem Verheilen die Narbe entstört werden, hierbei kann jeder Tierheilpraktiker helfen.

Außerdem bekommen Sie als Besitzer eine Eigentumsurkunde, die Sie aus Sicherheitsgründen getrennt vom Pferdepass aufbewahren sollten. Wichtig zu wissen: Wer die Eigentumsurkunde hat, dem gehört das Pferd!

Der Pferdepass wird das Pferd künftig auf allen Wegen begleiten (beispielsweise bei jedem Transport, jeder Schau). Neben der Abstammung sind hier Geburtsdatum, Farbe, Abzeichen und Haarwirbel, aber auch alle Impfungen eingetragen.

Im Pferdepass müssen auch alle medikamentösen Behandlungen eingetragen werden, denn zunächst gilt jedes Pferd als „Schlachttier", bei dessen Verwendung als Lebensmittel Medikationen lückenlos dokumentiert sein müssen. Sie können mit einem Eintrag Ihres Tierarztes im Pferdepass jedoch eine Schlachtung von vornherein ausschließen. Dann kann uneingeschränkt behandelt werden.

VORBEREITUNGEN FÜR DEN ERSTEN AUFTRITT

Damit Ihr Fohlen bei der Fohlenschau einen guten Eindruck macht, sollten Sie Mutter und Kind ein wenig vorbereiten. Die meisten Verbände verlangen, dass das Fohlen beim Vorführen am Bauchgurt der Mutter angebunden wird. Dazu muss es natürlich das Halfter und Angebundensein bereits kennen. Auch das lockere Mitlaufen neben der Mutter sollten Sie üben.

Selbstverständlich sollten die Hufe beider Pferde sauber ausgeschnitten, das Fell gut gebürstet, bei Warmblutpferden zusätzlich die Mähne eingeflochten sein.

STUTE UND FOHLEN RICHTIG VERLADEN

Lässt sich Ihre Stute gut verladen, sollten Sie die Stute zuerst in den Anhänger führen, wobei ein Helfer das Fohlen gleich hinterher schiebt. Geht die Stute nur widerwillig in den Anhänger, schieben Sie am besten das Fohlen zuerst hinein. Aber Vorsicht: Halten Sie es mit beiden Händen um Hals und Hinterteil gut fest, damit es bei eventuellem Zurückweichen der Mutter nicht gleich wieder herausspringt.

Neben dem Verladen ist die Halfterführigkeit ebenso zu üben. (Foto: tierfotoagentur.de/R. Richter)

Über das Hängerfahren mit Stute und Fohlen gibt es verschiedene Meinungen. Bei einem Doppelanhänger ist das Entfernen der Mittelwand empfehlenswert. Der vordere Bereich sollte mit fixierten Strohballen gut abgepolstert werden, damit sich das Fohlen bei einem plötzlichen Bremsmanöver nicht verletzen kann. Der Freiraum zwischen Hängerklappe und Dach sollte durch einen Gittereinsatz gesichert werden.

Die Aufzucht – soziale Kontakte prägen den Charakter

Damit aus dem Fohlen kein verzogenes Einzelkind wird, braucht es auf jeden Fall die Gesellschaft gleichaltriger Kameraden. Nur im Spiel mit ihnen entwickelt es Körpergefühl und Selbstvertrauen und damit Charakter.

Wächst ein Fohlen allein mit der Mutter oder nur unter erwachsenen Pferden auf, wird es entweder stets beschützt oder „untergebuttert". Solche Pferde bleiben ihr Leben lang unsicher oder aber aufsässig und bereiten im Umgang meist mehr Schwierigkeiten als solche, die im Herdenverband unter Gleichaltrigen aufgewachsen sind.

Abgesehen davon hat das Fohlen dann zu wenig Gelegenheit zum Spielen und Kräftemessen, denn dazu haben die älteren Pferde meist keine große Lust. Die Folge: Sein Bewegungsapparat bleibt unterentwickelt, Knochen, Muskeln und Bänder schwach. Gesundheitliche Schwierigkeiten im Erwachsenenalter, frühzeitiger Verschleiß, aber auch dauerhafte Probleme mit der Rittigkeit sind oft die Folge.

Etwa ab dem zweiten, dritten Lebenstag brauchen Mutter und Kind regelmäßigen Auslauf, um ihren Bewegungsdrang zu stillen und damit sich Lungen, Herz und der Bewegungsapparat des Fohlens gut entwickeln können. Sonne und der Einfluss von Witterung sind in der weiteren Entwicklung wichtig für gesundes Knochenwachstum (Vitamin-D-Bildung) und ein gutes Immunsystem.

So brauchen Fohlen, außer bei extremen Witterungsbedingungen oder wenn sie sehr früh im Jahr geboren werden und der Stall sehr kalt ist, keine Decke.

Doch Vorsicht: Genauso wie viele stolze Fohlenbesitzer ihre Schützlinge zu sehr verhätscheln und ihre eigenen Bedürfnisse in puncto Behaglichkeit auf die Vierbeiner übertragen, gibt es auch solche, die nach der Devise verfahren „Was nicht tötet, härtet ab". Zwar gehört das Pferd zu den Tieren mit einem ausgezeichneten Thermoregulationsvermögen, jedoch sollten Sie darauf achten, dass sich das Fohlen vor allem in den ersten drei Lebensmonaten nicht auf kalten oder nassen Boden legen muss. Auch hier lauert die Gefahr einer Erkältung oder sogar einer Lungenentzündung. Bei schlechtem Wetter und solange die Sonne nicht genug Kraft hat, auch den Boden zu erwärmen, sollten Sie die

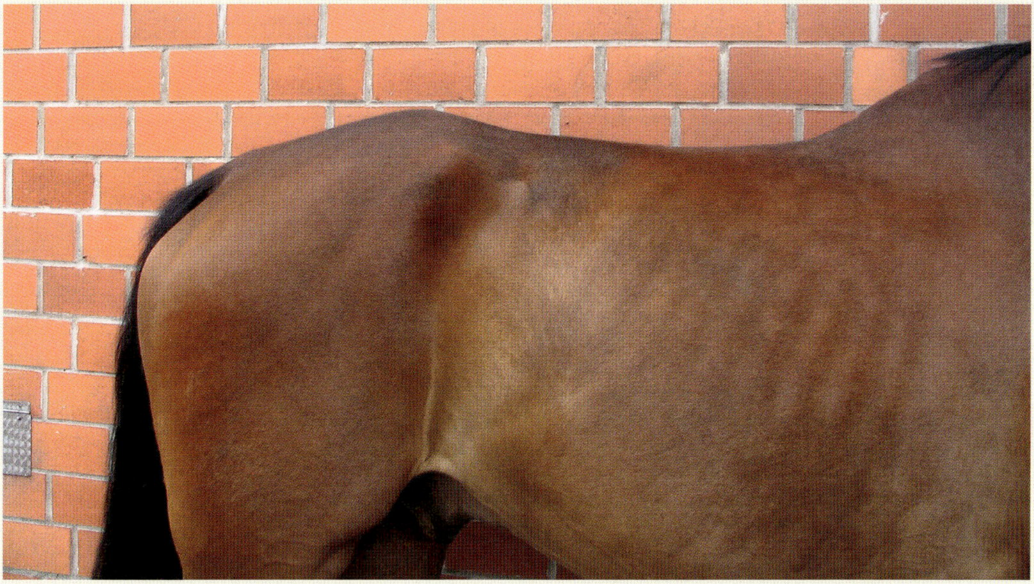

Bei diesem Pferd passen die Proportionen von Schulter und Becken nicht zusammen. Das Becken ist im Verhältnis zur Schulter viel zu klein – dies kann ein deutlicher Hinweis auf eine bewegungsarme Kinderstube sein. (Foto: K. Kattwinkel)

Auslaufzeiten nur so lang bemessen, dass das Fohlen nicht müde wird und sich zum Schlafen niederlegt. Lieber sollten Sie es zweimal täglich herauslassen.

Wann zahnt das Fohlen?

Schon bei der Geburt hat das Fohlen die ersten Zähne. Die drei Milchbackenzähne brechen kurz vorher durch. Die Milchzangen (die mittleren Schneidezähne) erscheinen erst nach einigen Tagen, im Alter von drei bis acht Wochen die benachbarten Milchmittelzähne. Im fünften bis neunten Monat kommen die Milcheckzähne.

Der erste Zahnwechsel (Zangen und vordere Backenzähne) zum bleibenden Gebiss erfolgt im Alter von zweieinhalb Jahren. Die jungen Pferde haben dann durchaus Kauschwierigkeiten und Zahnschmerzen. Mit dreieinhalb Jahren wechseln die Eckschneidezähne. Mit etwa fünfeinhalb Jahren ist der Zahnwechsel abgeschlossen. Bei Robustpferderassen erfolgt der Zahnwechsel jeweils etwas später.

Wenn Fohlen sehr früh im Jahr geboren werden und frieren, müssen Sie nicht unbedingt eine teure Fohlendecke kaufen: Ein alter Pullover tut's auch!

Wurmkuren

Viele Tierärzte empfehlen ab der dritten Lebenswoche regelmäßige Wurmkuren mindestens alle acht Wochen. Jedoch nehmen die Kritiker dieser regelmäßigen „chemischen Keule" beständig zu. Ihre Argumente:

- Ein gesunder Organismus kann sich problemlos gegen ungebetene Gäste im Darm wehren. Nur immungeschwächte Tiere leiden unter Darmparasiten.
- Allopathische Wurmpasten schädigen die Darmflora und damit auch die körpereigene Abwehr.
- Gerade bei Pflanzenfressern wie Pferden liegt der Weg, über Kräuter zu entwurmen, sehr nah – schließlich suchen sich Wildpferde instinktiv die Kräuter als Futter aus, die ihrem Wohlbefinden und ihrer Gesundheit dienen und eventuell vorhandenen Problemen entgegenwirken.
- Allopathische Wurmpasten wirken deshalb schnell und radikal, weil es sich bei den Substanzen um Gifte handelt, welche die adulten Würmer und die heranwachsenden Stadien töten. Ein Mittel, das einen Wurm umbringt, kann jedoch auch für ein Pferd nicht gesund sein. Hinzu kommt, dass diese Gifte nicht nur den Verdauungstrakt und die Leber des damit behandelten Tieres belasten, sondern auch die Mikroorganismen im Boden vernichten, auf welchen der mit diesen Giften belastete Kot fällt.
- Heilkräuter sind meist preisgünstiger als die Produkte der pharmazeutischen Industrie.

Erhärtet wird die Kritik an chemischen Wurmkuren durch eine Studie des Münchener Instituts für Parasitologie. Hierbei wurden 30 Fohlen aus sieben verschiedenen Gestüten hinsichtlich des Befalls mit Spulwürmern untersucht. Festgestellt wurde, dass „die giftigen Substanzen in den Wurmkuren nicht nur die Darmflora angreifen und aus dem Gleichgewicht bringen, sondern überdies das Immunsystem schwächen". Bereits zwölf Tage nach einer Ivermectin-haltigen Wurmkur konnten wieder Wurmeier im Kot der getesteten Fohlen nachgewiesen werden.

Wichtige Präventivmaßnahmen, welche die Gefahr eines erneuten Wurmbefalls minimieren:

- Täglich sauberes Entmisten der Einstreu in der Box, im Laufstall oder im Unterstand des Offenstalls.
- Regelmäßiges Abäppeln der Bewegungsflächen und Weiden, um den Parasitendruck zu minimieren.
- Ausbringen von Bodenhilfsmitteln (zum Beispiel effektive Mikroorganismen (EM)), die Wurmeier, welche über den Kot in den Boden gelangten, unschädlich machen können.
- Vermeiden von Überweidung kleinerer Grasflächen.
- Vermeiden feuchter Weiden, denn diese begünstigen den Befall von Moosmilben, die als Zwischenwirt für Bandwürmer aktiv werden.
- Entfernen der kleinen gelben Eier, welche die Dasselfliegen gut sichtbar auf

das Fell der Pferde – meist an den Vorderbeinen – kleben, mithilfe einer Messerschneide oder eines Bimssteines, nachdem man die betroffenen Stellen mit Essigwasser eingeweicht hat.

- Darmsanierung immunschwacher Tiere mit Kräutern und die Zufütterung von Kräutern, die das Darmmilieu „wurmunfreundlich" werden lassen.
- Vermeiden von getreidelastiger Fütterung, dafür mehr Heu, denn Würmer ernähren sich hauptsächlich von Kohlehydraten, während die Mikroorganismen im Darm vom Heu profitieren.

Dieses Fohlen kümmert aufgrund eines starken Wurmbefalls. (Foto: C. Slawik)

An diesen Anzeichen erkennen Sie einen möglichen Wurmbefall:

Rundwurmbefall

- Abmagern trotz gleichbleibender Futtermenge und gutem Appetit.
- Struppiges und glanzloses Fell mit teilweise deutlich sichtbaren „Hungerhaaren", die abstehen.
- Aufgeblähter Bauch.
- Stagnierendes oder verlangsamtes Wachstum.
- Durchfall
- Koliksymptome
- Juckreiz am After (borstige oder aufgescheuerte Schweifrübe).

Befall mit Lungenwürmern

- Husten und Nasenausfluss.

Befall mit Magendasseln

- Kleine gelbe Eier, welche die Dasselfliegen gut sichtbar auf das Fell der Pferde – meist an den Vorderbeinen – kleben.
- Zu Beginn der Infektion Kau- und Schluckbeschwerden, weil sich die Larven in die Zungenschleimhaut graben.
- Abmagern, weil die Pferde Magenschmerzen haben, schlecht fressen und durch Verletzungen der Magenschleimhaut die Verdauung und Futterverwertung gestört wird.
- Mattigkeit und Abnahme der Leistungsbereitschaft.

Befall mit Bandwürmern

- Meist massiver Gewichtsverlust.

Schutzimpfungen

Lassen Sie Ihr Fohlen nicht vor dem vierten Monat impfen, da die aus der Muttermilch aufgenommenen Antikörper an die Antigene im Impfstoff andocken und damit die Impfung unwirksam machen können. Jedes Fohlen sollte gegen Tetanus (Wundstarrkrampf), Influenza und Herpes geimpft werden, gegen Tollwut nur in gefährdeten Gebieten. Lassen Sie die Impfungen nicht am selben Tag verabreichen, sondern mindestens mit einer Woche Abstand (Ausnahme: Kombinationsimpfstoffe). Die Wiederauffrischungsintervalle schwanken je nach Hersteller des Impfstoffs. Fragen Sie dazu Ihren Tierarzt und tragen Sie die entsprechenden Termine im Kalender ein.

Das A und O: frische Luft, Sonne und viel Bewegung

Das brauchen natürlich alle Pferde, Fohlen aber ganz besonders. Wird die werdende Mutter in der Gruppe gehalten und ist die Sozialstruktur stabil, kann man die Stute zum Abfohlen ruhig innerhalb der Gruppe belassen. Ansonsten empfiehlt sich eine ausreichend große Abfohlbox, die viel Tageslicht und Luft hereinlässt.

Viele Ausbilder berichten, dass einzeln oder in Gesellschaft von erwachsenen Artgenossen aufgewachsene Pferde die meisten Schwierigkeiten beim Anreiten machen. Wenn Sie Ihr Jungpferd zum sozial intelligenten Lebewesen erziehen möchten, müssen Sie es vor allem Pferd sein lassen. (Foto: C. Slawik)

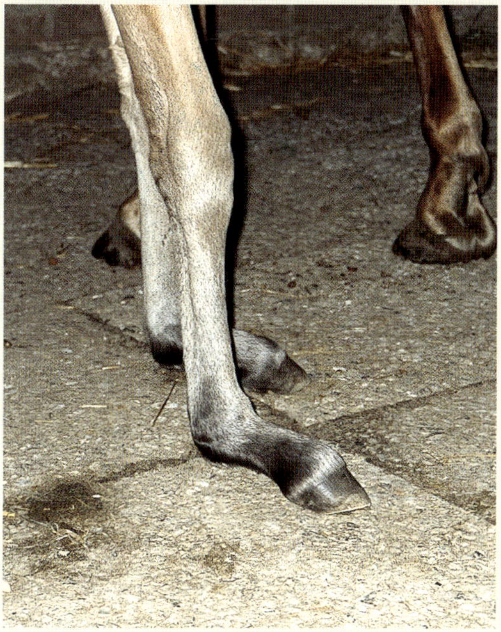

Durchtrittigkeit direkt nach der Geburt kommt relativ häufig vor. Meist korrigiert sich das bei genügend Bewegung vor allem auf festem Untergrund von selbst. In diesem Fall stand das Fohlen bereits nach einer Woche völlig normal. (Foto: K. Kattwinkel)

Holzställe sind übrigens in puncto Stallklima günstiger als Ställe aus Beton. Die Luftfeuchtigkeit im Stall sollte nicht über 75 Prozent liegen. Die Box beziehungsweise der Abfohlbereich im Offenstall sollte nicht nur zum Abfohlen, sondern auch in den ersten Lebenstagen des Fohlens mit sauberem, allerbestem Stroh eingestreut sein, denn jetzt schläft das Fohlen noch relativ viel im Liegen, immerhin bis zu neun Stunden am Tag. Das Fohlen darf kein nasses Haarkleid bekommen, denn durch die Verdunstungskälte würde die Abwehrbereitschaft vermindert.

Selbstverständlich muss die Fohlenbox besonders sauber gehalten werden. An jedem feuchten Strohhalm, der längere Zeit im Stall liegt, können ansteckungsfähige Wurmlarven haften.

Ist die Box groß genug, empfiehlt es sich, nur einen ausreichend großen Liegebereich gut einzustreuen und im Fressbereich ganz auf Einstreu zu verzichten. Das Stehen auf hartem Untergrund ist wichtig für die Entwicklung guter Hufe und einer korrekten Stellung der Gliedmaßen.

Auch der weiche Fohlenschuh, der den Geburtskanal vor Verletzungen schützen soll, wird schneller abgestoßen, Sehnen, Bänder und Knochen entwickeln sich kräftiger. Sogar schon bei der Geburt vorhandene Fehlstellungen, die durch eine falsche Lage des betroffenen Beins im Mutterleib zustande gekommen sind, extreme Bindegewebsschwächen, die sich als sogenannte Durchtrittigkeit zeigen, bessern sich durch Laufen auf festem, ebenem Untergrund oft von selbst. Auch bei der Gestaltung des Fohlenauslaufs beziehungsweise für die Fohlenweide sollte sollte man diese Erkenntnis beherzigen: Auf ausschließlich matschigem oder unebenem Untergrund, ja sogar nur auf weichem Sandboden, können sich schnell Fehlstellungen und Hufprobleme entwickeln. Der Pferdehuf ist immer ein Abbild seiner Umgebung. Je härter der Untergrund, desto härter das Hufhorn, je weicher der Boden, desto weicher auch der Huf.

Ein stabiler Holzzaun ist für Jungpferde nach wie vor am sichersten. (Foto: fotolia.com/S. Mohn)

Der Auslauf

Noch wichtiger als bei erwachsenen Pferden ist für Fohlen und Jungpferde eine sichere Umzäunung. Achten Sie vor allem darauf, dass die untere Stromlitze nicht zu tief angebracht ist (Faustzahl für Warmblutfohlen: mindestens 45 Zentimeter vom Boden aus), aber auch nicht so hoch, dass das Fohlen darunter hindurch krabbeln kann.

Wichtig ist, dass der Strom immer angeschaltet ist und auch im ganzen Zaun fließt. Fohlen sind neugierig und verheddern sich sonst schnell einmal im Zaun. Jahr für Jahr müssen viele Fohlen in den Tierkliniken behandelt werden, weil sie sich an vernachlässigten oder ungeeigneten Zäunen schwer verletzt haben.

Das muss jedes Fohlen lernen

Fohlen brauchen von Anfang an eine vernünftige Erziehung. Damit ist eher eine sachkundige als eine „feste" Hand gemeint. Für die Fohlenerziehung benötigen Sie Zeit und Geduld. Überlegen Sie gut, ob Sie das wirklich leisten können. Halbe Sachen rächen sich später immer. Wenn Sie beispielsweise weit entfernt von dem Stall wohnen, in dem Ihr Fohlen aufwächst, und Sie nur ein- oder zweimal pro Woche zum Besuch vorbeischauen, können Sie ein Jungpferd kaum erziehen. Natürlich können Sie auch andere damit beauftragen. Doch auch hier gilt wie so oft: Gutes hat seinen Preis. Betrauen Sie auf keinen Fall irgendwelche Laien oder Pseudoprofis unter Zeitstress damit. Diese mögen Ihr Fohlen noch so „süß" finden und noch so nett zu ihm sein, mit einem korrekten Umgang sind sie meist überfordert. Unterschätzen Sie niemals die Gefahr, die von einem unsachgemäß behandelten Jungpferd ausgeht. Fohlen sind im Kopf kleine Kinder, doch mit der Kraft eines erwachsenen Mannes! Sie können unkundige Pfleger unter Umständen ernsthaft verletzen.

Schnell wird das Anlegen und Abnehmen des Halfters zur Selbstverständlichkeit. (Foto: C. Slawik)

Gewöhnen Sie das Fohlen frühzeitig ans Halfter. Üben Sie es täglich, genau wie das Anfassen der Beine, Hochheben und später Auskratzen der Hufe. Verlangen Sie bei jeder Übung nur einen kleinen Schritt. Loben Sie dann sofort. Drei Dinge muss das Fohlen lernen: Ihm passiert nichts Schlimmes, es muss sich fügen und es wird dafür belohnt.

Wird das Fohlen übermütig oder will es Sie zwicken, schieben Sie den Kopf energisch zur Seite. Danach verhalten Sie sich wieder neutral.

Auch das korrekte Führen beziehungsweise Geführtwerden muss geübt werden. Für ein Pferd ist nämlich das Gehen neben einem Kameraden im Gegensatz zu uns Menschen nicht selbstverständlich. Pferde in Freiheit gehen in der Regel im Gänsemarsch, also hintereinander. Aufschließen zum Vordermann wird als feindliche Handlung gewertet.

Um sich korrekt führen zu lassen, muss das Fohlen also lernen, ohne Furcht neben Ihnen zu gehen, Sie aber auch nicht zu überholen. Dazu bittet man eine zweite Person um Hilfe.

Legen Sie zunächst ein weiches Seil in einer Acht um Hinterteil und Brust. Stürmt das Fohlen vor, spürt es den Gegendruck an der Brust. Bleibt es zurück, drückt es hinten. Wichtig: Sobald das Fohlen nachgibt, den Druck am Seil blitzschnell wegnehmen!

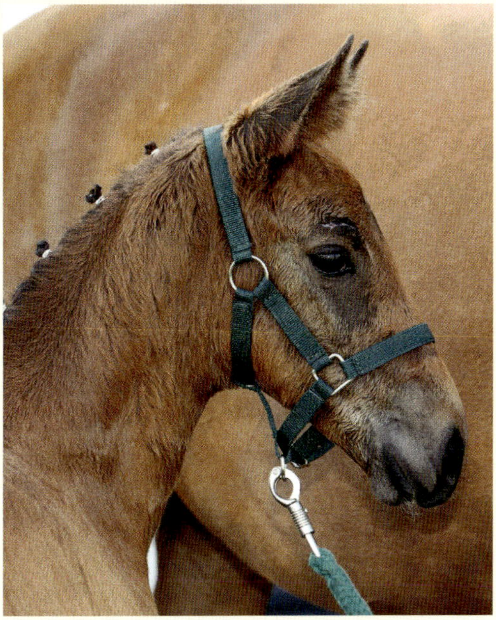

Für die Fohlenschau sollte nicht nur das Führen, sondern auch das ruhige Stehen geübt werden. (Foto: tierfotoagentur.de/R. Richter)

Sind keine Straßen und Spazierwege in der Nähe, macht ein Ausritt mit Fohlen viel Spaß. (Foto: tierfotoagentur.de/R. Richter)

Sobald diese Übung klappt, können Sie das (halftergewöhnte!) Fohlen am Strick neben der Mutter führen. Lassen Sie das Führen am Strick niemals zu einer Kraftprobe ausarten! Nie dagegenstemmen, wenn das Fohlen am Strick zerrt. Es könnte sich überschlagen und dabei schwer verletzen.

Zur guten Erziehung gehört weiterhin, dass man den Pferdenachwuchs anbinden kann. Dies geschieht zunächst an einem Bauchgurt der Mutter. Schaffen Sie in der ersten Zeit eine Sollbruchstelle in Form einer dünnen Schnur, die bei zu viel Druck reißt, damit sich das Fohlen nicht verletzen kann, falls Probleme auftreten.

Bei ersten Anbindeversuchen an der Wand führen Sie zunächst den Strick durch den Anbindehaken und halten ihn nur fest. Dann bauen Sie wieder eine Sollbruchstelle ein. Lassen Sie Fohlen niemals unbeaufsichtigt angebunden stehen! Zu schnell kann etwas passieren, und die Fohlen hängen sich ins Halfter. Das Genick des Pferdes ist außerordentlich empfindlich. Schon so manches Fohlen hat von rüden Anbindeversuchen bleibende Schäden davon getragen (zum Beispiel Ataxien: Bewegungskoordinationsstörungen, Lähmungen, Lahmheiten).

Verbinden Sie Stillstehen-müssen mit etwas Positivem: die meisten Fohlen genießen eine ausgiebige Putz- und Kraulstunde mit dem Menschen ebenso wie soziale Fellpflege mit einem Artgenossen.

Reiten mit oder ohne Fohlen?

Wird ein Fohlen zu früh von der Mutter getrennt, so kann das tief sitzende Ängste verursachen, die ein Pferd sein Leben lang beeinflussen können. Deshalb sollten Sie es vor dem dritten Monat nicht von seiner Mutter trennen. Ist es an Halfter und Strick gewöhnt, können Sie es zu kleinen Ausflügen im Gelände durchaus mitnehmen. Aber bitte Vorsicht: Überfordern Sie den Nachwuchs nicht. Auf den Genuss längerer Galoppstrecken müssen Sie noch für längere Zeit verzichten. Auch ausdauernde Geländeritte sind nichts für Pferdekinder.

> *Hinweis:*
> *Etwa ab einem Alter von zwölf Wochen können Sie auch mit dem Pferdenachwuchs erste Alleinausflüge an der Hand ohne Mutter unternehmen. Voraussetzung ist natürlich: Das Fohlen ist halfterführig. Aber bitte nicht übertreiben, anfangs sind einige hundert Meter weg vom Stall schon eine großartige Leistung.*

Später können Sie versuchen, das Fohlen, zunächst nur für wenige Minuten, in der Obhut der Herde zu Hause zu lassen. Bleiben Stute und Fohlen dabei verhältnismäßig ruhig – ein wenig Wiehern und Umherlaufen sind durchaus normal –, so können Sie Ihre Ausflüge mit der Stute langsam ausweiten. Lassen Sie es aber auf keinen Fall zu Panikanfällen kommen nach dem Motto „Da müssen die beiden durch!".

Sperren Sie das Fohlen bitte nicht alleine in eine Box. Damit erzeugen Sie grundlos panische Angst, ganz abgesehen davon, dass sich das Kleine auch verletzen kann, wenn es aus lauter Verzweiflung „die Wände hoch geht".

Hufpflege

Was viele Pferdehalter nicht wissen: Die Hufwand besteht aus vielen nebeneinander liegenden Hornröhrchen, die vom Kronrand aus ständig nachwachsen, umgeben von einer Kittsubstanz. Die Anzahl der Röhrchen ist zwar genetisch festgelegt, die Härte und deren Wuchsrichtung jedoch nur bedingt. Den Haupteinfluss hierauf hat die Umgebung. Außerdem gilt das Prinzip: je stärker der Druck in einem Wandabschnitt, desto senkrechter der Verlauf der Röhrchen und damit der Hufwand. Deshalb haben Pferde, die auf hartem Untergrund leben, in der Regel steilere, engere Hufe (beispielsweise viele iberische Rassen) als solche, die auf weichem Boden leben (beispielsweise Hannoveraner). Ist der Untergrund vorwiegend weich und nachgiebig wie bei Matratzeneinstreu oder in Laufboxen, die selten gemistet werden, kommt wenig Druck im Kronrand an.

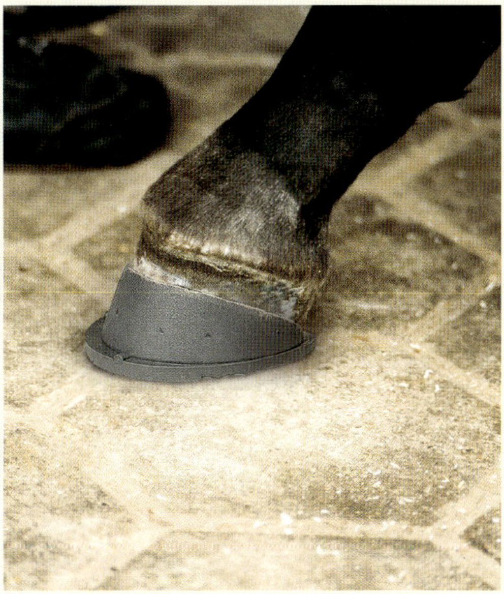

Bockhufe können angeboren oder erworben sein. Schnelles Handeln ist in beiden Fällen gefragt. (Foto: Dallmer)

Dann wachsen die Hufe nicht nur schlecht, weil der Kronsaum durch den fehlenden Druck auch schlechter durchblutet wird, sondern die Wände bekommen auch keinen geraden Verlauf. Bockhufe, Zwanghufe, eingerollte Wände und untergeschobene Trachten können die Folge sein.

Mancher Pferdezüchter hätte in dieser Hinsicht deutlich weniger Probleme, würde er sparsamer einstreuen, gründlicher misten und den Pferden darüber hinaus zu jeder Jahreszeit viel Bewegung gönnen.

Gerade in Bezug auf Fehlstellungen lohnt es sich, frühzeitig einen erfahrenen Hufexperten hinzuzuziehen. (Foto: Dallmer)

Huf- und Stellungsfehler

Spätestens(!) ab dem zweiten Lebensmonat müssen die Hufe etwa alle vier Wochen von einem Fachmann begutachtet, berundet und wenn nötig korrigiert werden. Diese kurzen Intervalle sind insbesondere in der Zeit des starken Wachstums sehr wichtig, denn solange der gesamte Organismus auf Wachstum eingestellt ist, wachsen auch die Hufe schneller.

Bei Fehlstellungen kann es vorkommen, dass sogar alle zwei Wochen nachkorrigiert werden muss. Lassen Sie sich hierbei auf keinen Fall beirren, auch wenn viele vermeintliche Experten Ihnen etwas anderes erzählen! Nachlässigkeit in der Hufpflege hat schon so manches Pferd in seiner Leistungsfähigkeit beschränkt oder sogar zum Krüppel

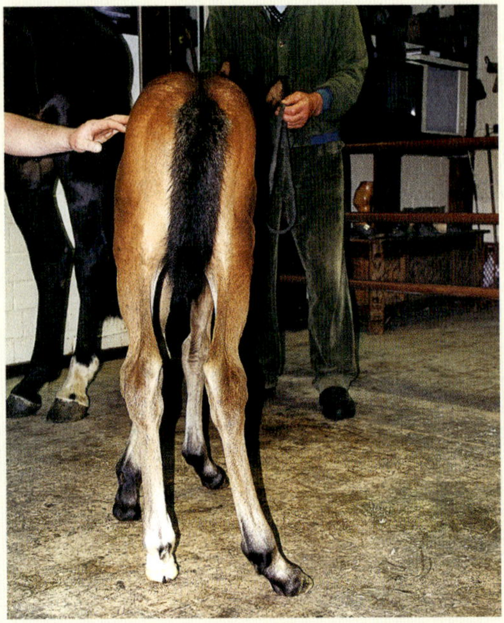

Fehlstellungen und -entwicklungen können im jugendlichen Alter noch relativ gut korrigiert werden, ohne Spätfolgen befürchten zu müssen. (Foto: Dallmer)

gemacht. Den gut gemeinten Rat „Das wächst sich schon von selbst aus" sollten Sie geflissentlich überhören.

ANGEBORENER SEHNENSTELZFUSS

Durch eine Verkürzung der Beugesehnen und/oder schwache Strecksehnen steht das Fohlen viel zu steil. Manchmal knickt es sogar mit dem Fessel- oder Krongelenk ein beziehungsweise berührt nur mit dem Fesselgelenk den Boden und die Hufunterseite zeigt nach hinten.

Nur in leichten Fällen verschwindet dieses Problem von selbst. In allen anderen Fällen sind vom Hufpfleger beziehungsweise Schmied angebrachte Klebeschuhe oder gar vom Tierarzt angepasste Stützverbände oder Schienen notwendig.

BOCKHUF

Auch beim Bockhuf ist die Stellung des Hufes im Vergleich zur Fesselachse zu steil. Meist sind nur die Vorderhufe betroffen.

Die Ursache kann in einer vermehrten Abnutzung der Zehe, beispielsweise durch Scharren oder häufiges Laufen auf hartem Boden, liegen. Tritt der Bockhuf nur einseitig auf, so liegt es meist daran, dass Stute und Fohlen auf Weiden mit zu kurzem Gras gehalten werden. Dabei muss das Fohlen, dessen Hals im Verhältnis zur Beinlänge ja sehr kurz ist, ein Bein nach hinten knicken. Wer sein Fohlen beobachtet, wird feststellen, dass es immer dasselbe Bein zurücknimmt, nämlich das seiner hohlen Seite.
Das hat mit seiner angeborenen Händigkeit zu tun.

Durch das ständige Beugen des Beines verkürzt sich die tiefe Beugesehne und die dazugehörige Muskulatur. Gleichzeitig wird der Zehenbereich vermehrt abgenutzt. Der hintere Hufbereich, die Trachte, erfährt keinen Abrieb. So wird die Hufstellung auf dieser Seite steiler. Auf der anderen Seite (also beim stets vorgestellten Bein) wird sie flacher.

Die Ausbildung eines Bockhufes kann innerhalb weniger Tage passieren. Als Gegenmaßnahme muss der Trachtenbereich in kurzen Abständen, am besten wöchentlich, beraspelt werden, beim anderen Vorderhuf dagegen die Zehe.

Durch eine ständige Grätschstellung kann in wenigen Tagen ein Bockhuf entstehen.
(Foto: tierfotoagentur.de/N. Noack)

In drastischen Fällen ist sogar ein spezieller Klebeschuh erforderlich, der die Zehe des Bockhufes künstlich verlängert. Und natürlich muss die Hauptursache abgestellt werden.

Stuten mit Fohlen gehören auf Weiden mit genügend hohem Gras-aufwuchs! Ansonsten wird allein über diesen Managementfehler in der Haltung des Fohlens ein Pferd mit sehr ausgeprägter Schiefe herangezogen.

STELZFUSS DES JÄHRLINGS (ERWORBENER STELZFUSS)

Dieses Problem entsteht, wenn die Knochen schneller wachsen als die Sehnen und Bänder. Auch hier ist es wichtig schnell einzuschreiten, denn ist die intensive Wachstumsperiode erst abgeschlossen, bleiben meist Folgeschäden zurück. Ein Schnabeleisen, das den Huf vorne einige Zentimeter überragt, zwingt das Pferd, mit dem hinteren Hufteil durchzutreten. Wichtig: Das funktioniert nur auf hartem Untergrund. Der Schnabel des Eisens darf nicht einsinken, sonst ist der Effekt gleich null. Bewegt sich das Fohlen von selbst nur wenig, muss es mindestens zweimal täglich auf hartem Boden für mindestens 15 Minuten geführt werden.

UNGLEICH LANGE BEINE

Manchmal kommt es in der Wachstumsphase vor, dass ein Bein ein Stückchen länger wird als das gegenüberliegende. Gleicht sich dieses Missverhältnis nicht innerhalb kurzer Zeit von selbst aus, so braucht das Fohlen „Einlagen", sprich einen speziellen Klebeschuh, damit das kürzere Bein im Wachstum aufholt. Im längeren Bein ist der Druck auf die Wachstumszonen der Knochen nämlich stärker. Diese werden deshalb besser mit Nährstoffen versorgt, die Folge: Der längere Knochen wächst noch schneller. Durch einen erhöhten Klebeschuh am kürzeren Bein (so, dass jetzt das eigentlich kürzere Bein länger wird) werden die Wachstumszonen im kürzeren Bein angeregt, schneller zu wachsen.

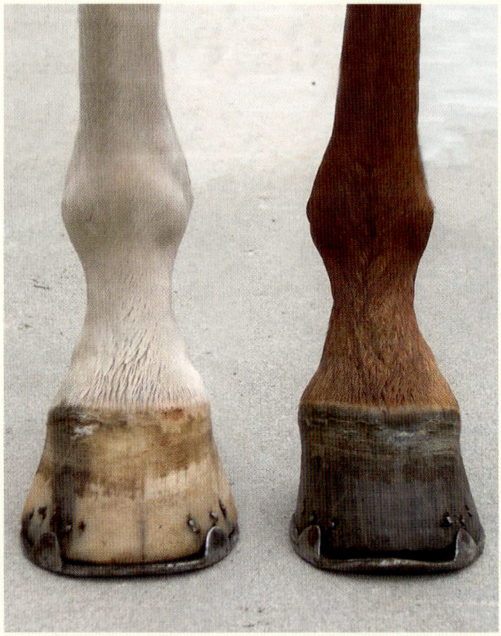

Dieser fünfjährige Wallach hat zwei sehr unterschiedliche Vorderhufe – einen engen steilen und einen weiten flachen – Ergebnis einer ausgeprägten Schiefe, die vor allem durch die Grätschstellung beim Weiden auf kurzem Gras im Fohlenalter entstanden ist. (Foto: privat)

Erkennen können Sie solche Missverhältnisse in der Beinlänge oft an plötzlich auftretenden einseitigen Stellungsfehlern. Das längere Bein wird dabei mehr abgeknickt. Durch die richtige Behandlung steht das Fohlen meist nach wenigen Wochen wieder korrekt.

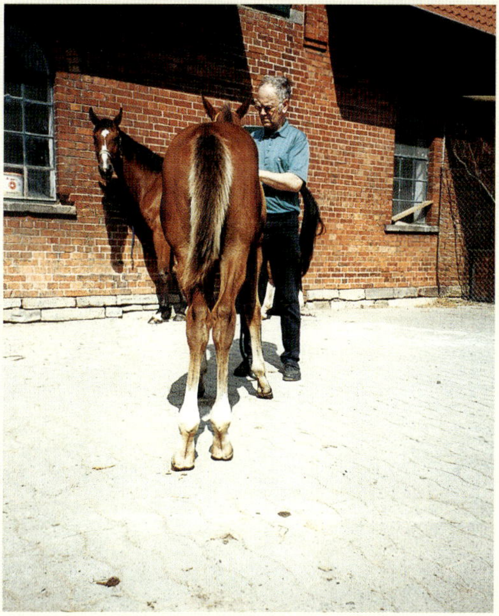

Bei diesem Hengstfohlen wurde plötzlich das linke Hinterbein länger.

Wann muss das Fohlen zugefüttert werden?

Auf das Zufüttern können Sie bei Fohlen in der Regel bis zum dritten Monat verzichten. Die Fohlen beginnen dann von selbst, zunächst spielerisch, mit dem Heufressen.

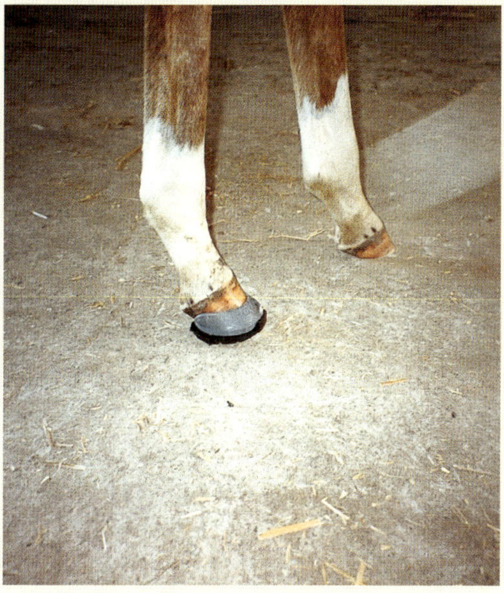

Durch das Aufbringen eines Klebeschuhs am kürzeren Bein wurde diese Fehlentwicklung ausgeglichen.

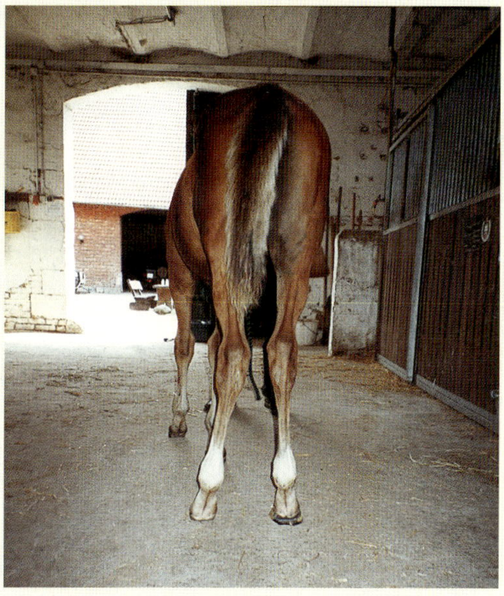

Mit Schuh stand das Fohlen sofort wieder korrekt. Sechs Wochen später konnte es ohne Einlagen laufen. (Fotos: K. Kattwinkel)

Hinweis:
Viele erfahrene Züchter sagen, dass Fohlen bis zur fünften Woche keinen Zugang zur Selbsttränke haben sollten. Sie könnten durch Spielen an der Tränke unnötig viel Wasser aufnehmen und dadurch Durchfall bekommen. Andere Fachleute meinen jedoch, dass dieses Risiko eher in Kauf zu nehmen sei, als das Fohlen dursten zu lassen, falls es einen erhöhten Flüssigkeitsbedarf hat, was an sehr warmen Frühlingstagen durchaus der Fall sein kann.

Natürlich sollte man ein Fohlen so gut füttern, dass es seine Wachstumspotenziale voll ausnutzt, das bedeutet ausreichend Futter von bester Qualität mit allen lebensnotwendigen Inhaltsstoffen. In der Praxis wird heute oft zu viel des Guten gegeben, sowohl was die Futtermenge betrifft als auch in Bezug auf die Inhaltsstoffe. Das große Angebot an Zusatzstoffen, Spezialfuttermitteln, Döschen und Pülverchen verleitet oft dazu, die Fohlen zu überfüttern. Sie entwickeln sich dann zwar sehr schnell, haben als erwachsene Tiere jedoch meist Probleme, angefangen von Stoffwechselstörungen über Allergien bis hin zu degenerativen Gelenkerkrankungen und anderem. Zu fette Fohlen erkranken oft an Epiphysitis, einer Entzündung der knorpeligen Wachstumszonen der Röhrenknochen, die entsteht, wenn zu viel Druck auf diese noch weichen Bereiche der Knochen kommt. Auch starke Erschütterungen können diese Knorpelzone anschwellen lassen, beispielsweise bei überbauten Jährlingen, die auf hartem Boden herumtoben, oder bei langen Transporten. Aber auch ein Calciummangel oder ein schlechtes Calcium-Phosphor-Verhältnis (dieses sollte in der Wachstumsphase weiter als beim erwachsenen Pferd sein) in der Fütterung kann diesen krankhaften Zustand verursachen. Bekommt man die Entzündung nicht rasch in den Griff, sind Probleme im Gelenkbereich vorprogrammiert.

Weil beim Fohlen bestimmte Verdauungsenzyme noch nicht gebildet werden und sich die Darmflora erst noch entwickeln muss, sollte das Fohlenfutter immer besonders gut verdaulich sein.

Im Optimalfall können Fohlen gleich in den ersten Lebenstagen mit der Mutter auf die Weide und dort Gras naschen. Weidegras ist für Jungpferde mit ihrem hohen Eiweißbedarf die optimale Nahrungsgrundlage, abgesehen davon, dass hier gleichzeitig der Bedarf an frischer Luft und viel Bewegung gedeckt wird. Muss zugefüttert werden, so verwenden Sie dazu am besten eine Fohlenkrippe, die oben mit engen Gitterstäben versehen ist, sodass weder Stutenmaul noch Fohlenhufe hindurchpassen. Bei ausschließlicher Weidehaltung oder im Offenstall bauen Sie am besten einen

Fohlenschlupf.

Dies ist ein umzäuntes Areal, dessen Zaunhöhe so bemessen ist, dass die Fohlen bis zum Absetzen durchschlüpfen können.

Als Fohlenkraftfutter eignet sich gequetschter Hafer, den Sie zum Beispiel zusammen mit Sojaschrot zur Verbesserung der Versorgung mit hochwertigem Eiweiß und ausreichend Mineralfutter mit hohem Calciumanteil (15 bis 20 Prozent) anbieten.

Gerade nach einer zusätzlichen Fütterung brauchen Fohlen genügend Ruhe, um eine gute Verdauung zu gewährleisten. (Foto: fotolia.com/girodjl)

Alternativ können Sie auch ein Fertigfutter anbieten. Solche Fohlenstarter haben den Vorteil, dass sie hochwertige, leicht verdauliche Futtermittel mit hoher Eiweißqualität kombinieren und die richtigen Mengen an Vitaminen und Mineralstoffen enthalten. Sie sind aber deutlich teurer als eine vernünftig zusammengestellte Ration aus Einzelfuttermitteln.

Fohlenstarter selbst gemixt

Mischfutter für Fohlen müssen mindestens 15 Prozent Rohprotein und dürfen höchstens zehn Prozent Rohfaser enthalten. Beim Eiweiß ist neben hoher Verdaulichkeit vor allem der Gehalt an essenziellen (lebensnotwendigen, müssen über die Nahrung zugeführt werden) Aminosäuren wichtig, insbesondere Lysin, Methionin und Threonin.

Verwenden Sie für die Eigenmischung Quetschhafer, Magermilchpulver oder Sojaextraktionsschrot, Leinsamen (gekocht!) und Pflanzenöle (maximal fünf Prozent).

Eigenmischung „Fohlenstarter"

- 75 Prozent Hafer (gequetscht)
- 20 Prozent Sojaextraktionsschrot (dampferhitzt)
- 3 Prozent Öl
- 2 Prozent vitaminisiertes Mineralfutter

Verwenden Sie anstelle von Sojaextraktionsschrot Magermilchpulver, so geben Sie davon 35 Prozent zur Mischung und reduzieren dafür den Haferanteil auf 60 Prozent.

Damit aus dem Absetzen kein Trauma wird

In Bezug auf sein Verdauungssystem ist das Fohlen mit rund acht Monaten absatzreif. Bekommt es bereits frühzeitig hochwertiges Eiweiß zugefüttert, kann dieser Zeitpunkt aus ernährungsphysiologischen Gesichtspunkten durchaus ohne Bedenken auf fünf bis sechs Monate vorverlegt werden.

Seelisch sind die meisten Fohlen dann jedoch noch nicht so weit, ganz und gar auf die Mutter verzichten zu können. Leider setzt sich das professionelle Frühabsetzen in Großbetrieben nach zwölf Wochen mehr und mehr durch - zum Leidwesen der Fohlen.

In der Natur geht das Selbstständigwerden Schritt für Schritt. Mutter und Kind wählen selbst den richtigen Zeitpunkt, meist erst, wenn das nächste Fohlen kommt.

Saugen lassen sollten Sie das Fohlen aber auf keinen Fall länger als acht Monate. Zum einen droht die Gefahr der Nährstoffüberversorgung, zum anderen kommt es meist zu schweren Verdauungsstörungen, wenn sich das fast erwachsene Pferd plötzlich vor allem von Heu und Stroh ernähren muss. Koliken und schlechte Futterausnutzung beeinträchtigen dann die weitere Entwicklung des Fohlens.

Trennen Sie Stute und Fohlen für einige Tage, versiegt bei den meisten Stuten die Milch. Danach können die beiden wieder problemlos zusammenstehen.
Die Erfahrungen, die ein Fohlen beim und nach dem Absetzen macht, wirken sich stark auf seine weitere Entwicklung aus.

Eine abrupte Trennung von der Mutter ohne Kontakt zu vertrauten Artgenossen oder ein Herausreißen aus der vertrauten Umgebung stellen eine große psychische Belastung dar.

So setzen Sie Ihr Fohlen stressfrei ab

Am geeignetsten ist die Aufzucht in der Herde, weil dabei das Fohlen bereits vor dem Absetzen enge Beziehungen zu anderen Pferden aufbauen kann. Gemeinsam mit den vertrauten Kameraden kann es die Trennung leichter verkraften.

Lässt sich das Aufwachsen in einer Herde nicht realisieren, so sollte wenigstens ein vertrauter Gefährte bei dem Fohlen bleiben, wenn die endgültige Trennung von der Mutter erfolgt.

Üben Sie das vorübergehende Trennen von Mutter und Fohlen ab dem zweiten bis dritten Monat.

Lassen Sie das Fohlen in seiner gewohnten Umgebung und bringen Sie die Mutter in einem anderen Stall unter.

Verschiedene Verhaltensstörungen wie beispielsweise Weben oder Kleben können die Folge sein.

Besser ist es, das Absetzen allmählich vorzunehmen und mit kurzen Intervallen der Trennung zu beginnen. Diese können Sie dann allmählich steigern, abhängig davon, wie das Fohlen diese bewältigt.

PFERDE SIND FAMILIENTIERE

Pferde sind Herdentiere. Sie führen ein ausgeprägtes Familienleben. Unter natürlichen Bedingungen besteht ein Familienverband aus zwei bis drei Stuten, einem Hengst und deren Nachwuchs. Die Erziehung der Fohlen obliegt weitgehend den Stuten.

Je natürlicher ein Fohlen aufwächst, im Idealfall in einer gemischten Herde, sowohl was das Alter als auch was das Geschlecht angeht, desto weniger Verhaltensstörungen wird es später zeigen. Auch das Absetzen geht dann leichter. Das Fohlen hat Zeit genug, sich Alternativen zur Mutter zu suchen.

Reine Gruppen aus Gleichaltrigen sind wie Kindergärten ohne Erzieher. In der Gruppe lernt das Fohlen, auf die feinen Signale der anderen Pferde zu achten. Das ist vor allem für das Sozialverhalten wichtig und erleichtert das spätere Training.

Fohlen, die einzeln gehalten werden oder in einer Gruppe erwachsener Pferde aufwachsen, sind später vom Umgang her meist problematisch, entweder respektlos dem Menschen gegenüber, weil sie das Unterordnen nie gelernt haben, oder aber unselbstständig, weil die älteren Herdenmitglieder sie zu sehr umsorgt und behütet haben.

Außerdem brauchen die Jungpferde unbedingt gleichaltrige Spielkameraden, mit denen sie ausgiebig herumtoben und ihre Kräfte messen können.

Hinweis: Bachblütenmischung, die den Trennungsschmerz zu lindern hilft:

- Beech – bei Ablehnung Unbekanntem gegenüber (hilft unter Umständen auch bei Stuten, die zu Anfang ihr Fohlen ablehnen)
- Star of Bethlehem – gegen das Trauma
- Red Chestnut – bei zu enger Bindung
- Walnut – für den Neubeginn
- Honeysuckle – gegen Heimweh
- Heather – wenn Fohlen an der Mutter kleben

Geben Sie jeweils 5-6 Tropfen der ausgewählten Bachblütenmischung in eine Wasser-Alkohol-Lösung (im Verhältnis 3:1), Sie benötigen dafür circa 20 ml Wasser.

Von dieser Mischung können Sie alle paar Stunden 10 Tropfen auf der Stirn der Stute und des Fohlens verreiben.

Nur durch ausreichende Bewegungsanreize können sich Muskeln und Lunge optimal entwickeln. In einer reinen Erwachsenengruppe bewegt sich das Fohlen deutlich weniger und wird vielleicht sogar aus Langeweile anfällig für Untugenden.

Wenn Sie Ihr Fohlen nach dem Absetzen in eine neue Herde geben, sollten Sie daran denken, dass Pferdegruppen gegenüber Neulingen zunächst meist nicht besonders freundlich sind. So wird dieser von allen zunächst geneckt, geärgert und auf Abstand gehalten.

Um dem Fohlen das Eingewöhnen zu erleichtern, und auch um Verletzungen zu vermeiden, sollten Sie es zunächst mit nur einem Mitglied der Gruppe zusammen lassen, und zwar möglichst mit einem ranghohen Tier. Haben sich die beiden aneinander gewöhnt, lassen Sie die anderen nach und nach mit dazu.

Einen adäquaten Pensionsplatz für Absetzer werden Sie am ehesten auf einem kleinen Gestüt mit individueller Betreuung finden. Große Gestüte bieten meist optimale Aufzuchtmöglichkeiten mit großen Weiden und Laufställen im Winter. Doch ist die Unterkunft dort meist nicht billig, und mit individueller Betreuung Ihres Jungpferdes können Sie kaum rechnen.

Eine andere Idee wäre, fremde Jungpferde als Gesellschaft für Ihr Fohlen bei sich aufzunehmen. Das planen Sie idealerweise schon im Vorjahr.

Finden Sie keine gleichaltrigen Fohlen, so können die Spielgefährten auch ein Jahr älter oder jünger sein. Nur das Größenverhältnis sollte stimmen, damit das Spielen und Toben für den Zwerg nicht zur Gefahr wird.

Wenn Sie selbst nicht über geeignete Aufzuchtweiden verfügen, Ihr Fohlen aber trotzdem in der Nähe haben möchten, machen Sie es umgekehrt und suchen nach einem privaten Aufzuchtplatz in der Nachbarschaft.

Auf der Weide sollte ein Salzleckstein zur Verfügung stehen, den auch Fohlen nutzen dürfen. Sie sollten nur unbedingt jederzeit Zugang zur Tränke haben. (Foto: K. Kattwinkel)

„Stubenhocker" bekommen eher Gelenkmäuse

Abmagern, Gelenkmäuse, auch als Chips bezeichnet beziehungsweise mit dem Fachbegriff Osteochondrose benannt, sind von Züchtern wie Sportreitern gefürchtet. Sie entstehen, wenn die Verknöcherung des Knorpels beim wachsenden Pferd gestört ist. Dann wird die Knorpel- und Knochenschicht an manchen Stellen zu dick. Sie kann nicht mehr ausreichend über die Gelenkflüssigkeit ernährt werden. Wird das Gelenk belastet, kommt es an diesen Stellen zu Rissen, Knorpel- oder Knochenabsplitterungen. Mit angepasster Fütterung und viel natürlicher Bewegung können Sie diesem Problem jedoch vorbeugen. Das hat eine wissenschaftliche Untersuchung an der niederländischen Universität Utrecht bewiesen. Hierbei wurden 43 Fohlen in drei Gruppen unterschiedlich gefüttert und gehalten (ausschließlich Boxenhaltung mit wenig Bewegung, Boxenhaltung mit gezieltem Bewegungstraining in kurzen Intervallen vor allem im Galopp, permanente Weidehaltung). Die Ergebnisse: Schwergewichtige und schnellwüchsige Fohlen erkrankten besonders leicht. Wenig Bewegung erhöht das Risiko für Chips dramatisch, ebenso Boxenhaltung mit kurzen Auslaufintervallen, in denen sich die Fohlen heftig bewegen. Am besten schnitten diejenigen Fohlen ab, die ihren natürlichen Bewegungstrieb frei auf der Weide ausleben konnten.

Am besten steht der Wasserwagen außerhalb der Weide, sodass nur die Tränkeschale für die Pferde erreichbar ist. Alternativ muss die Deichsel sicher abgedeckt werden, um Verletzungen vorzubeugen. (Foto: tierfotoagentur.de/R. Richter)

(Foto: C. Slawik)

GRUNDLAGEN EINER ERFOLGREICHEN AUFZUCHT

Je näher wir uns an die Bedingungen halten, unter denen das Pferd in Jahrmillionen ohne unsere Mithilfe groß und stark geworden ist, umso sicherer können wir sein, nicht allzu viel falsch zu machen.

Auf das Erbgut Ihres Fohlens haben Sie nur begrenzten Einfluss, egal wie sorgfältig Sie die Eltern ausgesucht haben. Aber für den Verlauf seiner Entwicklung tragen Sie die volle Verantwortung und damit für die Dauer und den Erfolg seiner Pferdelaufbahn.

Dazu gehören neben der bedarfsgerechten Fütterung ständige freie Bewegungsmöglichkeiten, Licht, Luft und Sonne, möglichst in einer natürlichen Herde. Keines dieser Grundbedürfnisse des heranwachsenden Pferdes kann ungestraft übergangen werden. So führen Fütterungsfehler oder mangelnde Bewegung über kurz oder lang zu Gesundheitsstörungen, Einzelhaltung in der Regel zu Verhaltensstörungen.

Ständige langsame Bewegung ist für den Stoffwechsel durch nichts zu ersetzen.

Gönnen Sie Ihrem Liebling die Freiheit der Weide

So lange es irgend geht, sollten heranwachsende Pferde auf der Weide gehalten werden. Ein optimaler Weidebewuchs besteht aus 70 Prozent sortenreichem Gräseranteil, 15 Prozent Leguminosen (kleeartigen Pflanzen) und 15 Prozent Kräutern aller Arten. Die Pflanzen sollen langsam wachsen, damit sie dem Boden möglichst viel an Mineralstoffen und Spurenelementen entziehen und einlagern können.

Zum Thema Weidehygiene: Wer den Befall mit Wurmlarven wirksam einschränken will, dem bleibt nichts anderes übrig, als mindestens jeden zweiten Tag den Mist von der Weide abzusammeln. Bei großen Flächen, die ein Absammeln nicht erlauben, sollten Sie darauf achten, dass diese nicht so stark abgeweidet werden, dass die Pferde notgedrungen auch die Geilstellen mit abweiden müssen und dabei verstärkt Wurmeier aufnehmen.

Regelmäßiges Düngen mit Branntkalk senkt zwar den Infektionsdruck, kann aber längst nicht alle Wurmeier auf der Wiese vernichten.

Bei feuchtkaltem, windigen Wetter sowie im heißen Sommer und als Schutz vor Insekten brauchen Jungpferde einen zugfreien Unterstand. Achten Sie darauf, dass dieser groß genug ist oder, besser noch, eine Unterteilung durch mehrere Eingänge hat. Oder dass es mehrere nebeneinander liegende Eingänge gibt, sonst stehen nur die Ranghöchsten drinnen und der Rest muss draußen bleiben.

Damit Ihr Jährling den Wechsel von der Weide zum Winterfutter ohne Probleme verkraftet, sollten Sie für die Umstellung unbedingt einen Zeitraum von mindestens einer Woche einplanen, besser wäre noch mehr!

Das gilt auch für die erneute Umstellung im kommenden Frühjahr: Entweder füttern Sie dann geschnittenes Grünfutter in langsam steigender Menge im Stall oder Auslauf oder Sie lassen die Pferde täglich etwas länger auf die Weide, beginnen SIe dabei mit höchstens eine Stunde am Tag.

Wichtig: Füttern Sie vor dem Herauslassen ausreichend Heu, damit sich die Jährlinge nicht hungrig aufs erste Grün stürzen. Kraftfutter verabreichen Sie immer erst frühestens eine Stunde nach dem Weidegang und nach der Heufütterung, um Verdauungsstörungen zu vermeiden, denn die Bakterien im Gras lassen das Kraftfutter gären.

WICHTIGES ZUM THEMA WEIDE

Die Weide ist für Stute und Fohlen eigentlich die ideale Nahrungsgrundlage. Doch Vorsicht in Sachen Düngung: „Stickstoff macht die Knochen weich", das wusste früher beinah jeder Pferdezüchter. Ihnen kam es in erster Linie auf die Härte der Pferde an, weil sie ihren Dienst in der Landwirtschaft und im Militär möglichst lange zuverlässig leisten mussten.

Wer sein Pferd ohne Kontakt zu Artgenossen hält, begeht Tierquälerei. (Foto: C. Slawik)

So wurden die Stuten und Fohlen auf großen, aber mageren Flächen gehalten. Jährlinge sollten sich „großhungern“ – sprich eher mager sein. Heute hat bis auf die großen Gestüte kaum noch jemand ausreichend große Flächen für die Weidehaltung zur Verfügung (pro Fohlenstute mindestens 0,5 bis 0,7 Hektar.) Damit trotzdem genügend Gras wächst, greifen viele auf synthetische Stickstoffdünger (sogenannte Volldünger) oder gar Gülle zurück.

Den meisten Hobbypferdehaltern fehlt die Zeit, das Gerät und vielfach auch das Wissen für eine organische Weidedüngung, und viele Landwirte sehen den Aufwand dafür nicht ein. Doch zahlreiche Stoffwechselstörungen, beispielsweise Allergien, auch Schäden am Skelett und frühzeitige Verschleißerscheinungen haben gerade hier ihren Ausgangspunkt: Durch intensive Stickstoff- und Phosphorsäuredüngung werden lebenswichtige Mineralien und Spurenelemente im Boden blockiert, gelangen also nicht in die Pflanzen und stehen damit dem Pferd nicht zur Verfügung. Das gilt natürlich auch, wenn von solch intensiv gedüngten Wiesen Heu gewonnen wird.

Gefährlich für alle Pferde ist die Ansaat von modernen Grassorten (sogenannten Hochleistungsgräsern). Sie sollen viel Ertrag bringen und speichern daher die Energie aus der Photosynthese besonders effektiv. Für diesen Speicherstoff (Fruktan) besitzt das Pferd jedoch kein Verdauungsenzym zur Spaltung. Daher wirkt es im Körper wie ein Gift, kann schwere Stoffwechselstörungen und Hufrehe verursachen.

Außerdem ziehen die Hochleistungsgräser giftige Pilze (Endophyten) an, die es in Grasbeständen mit alten Grassorten nicht gibt. Auch diese Endophyten können schwere Stoffwechselstörungen und Hufrehe auslösen.

Welche Faktoren beeinflussen das Wachstum des Fohlens?

Fördernd wirken:

- Ausreichendes und hochwertiges Futter
- Viel Bewegung (Appetitanregung, verstärkte Wachstumsreize auf Knochen, Muskeln und Bänder)
- Wachstumsreize über den Hormonhaushalt durch Licht, Luft, Sonne, Wärme

Bremsend wirken:

- Bewegungsmangel
- Plötzliche Futterumstellung
- Zu frühes Absetzen (vor allem, wenn zu wenig hoch verdauliches Eiweiß gefüttert wird)
- Gesundheitsstörungen (beispielsweise Verletzungen, Krankheiten, Mangelerscheinungen, Stoffwechselstörungen, Parasitenbefall)
- Nasse Witterung, Wind
- Länger andauernde extreme Kälte
- Zu junge Stute
- Zu frühe oder zu starke Arbeitsbelastung
- Große nervliche Belastung
- Mangelnde Lebensfreude (beispielsweise durch Einzelhaltung oder als gebeuteltes Schlusslicht der Herde)

Lassen Sie Ihrem Pferdenachwuchs genügend Zeit für seine körperliche und geistige Entwicklung! Zwischen unseren verschiedenen Hauspferde- und Ponyrassen gibt es zum Teil große Unterschiede in der Lebenserwartung. Dementsprechend brauchen sie auch unterschiedlich lange, um heranzureifen. So sind Shettys mit über 40 Jahren keine Seltenheit, während Warmblüter mit 20 oft betagt sind und Kaltblüter dieses Alter nur selten erreichen.

Grob kann man drei Reifegruppen festlegen:

- Frühreif: Kaltblüter
- Normalreif: Voll- und Warmblüter
- Spätreif: Araber, Ponys, Isländer, Lipizzaner

Der Staat als oberster Züchter in Deutschland verlangt von einem noch nicht dreijährigen Pferd oder Pony eine abgeschlossene Entwicklung und hat die volle Belastbarkeit auf vier Jahre festgelegt. Zeit ist Geld in der heutigen Zeit! Dadurch wird nicht nur den Jungpferden ein Jahr unbeschwerte Kinderzeit gestohlen, sondern auch zehn Jahre Lebenserwartung! Die durchschnittliche Lebenserwartung eines deutschen Pferdes liegt gerade einmal bei neun Jahren. Allzu oft wird nämlich vergessen, dass die heute stolz als „frühreif" präsentierten Reitpferde nicht auf „Frühreife" selektiert, sondern vielmehr ausschließlich auf Frühreife gefüttert werden. Und das geht fast immer zulasten der Konstitution und damit der Lebenserwartung.

Den genetischen Bauplan für sein Heranreifen hat das Hauspferd von seinen Urahnen geerbt. In der Natur erfolgt das Absetzen erst kurz vor der Geburt des neuen Fohlens. Mit etwa 18 Monaten waren Wildfohlen so weit entwickelt wie unsere Hauspferde mit zwölf. Und anders als bei den Urwildpferden, die täglich bis zu 100 Kilometer zurücklegen mussten, um genügend Wasser und Futter zu bekommen, läuft der Stoffwechsel bei unseren Hauspferden, auch bei optimaler Haltung, nur auf halber Kraft, bei Stallpferden gar noch niedriger. Zu viel Futter und Übergewicht sind daher immer eine akute Gesundheitsgefährdung.

Ein Fohlen, das taktrein neben seiner Mutter trabt, wird dies auch später als Reitpferd tun, wenn bei der Ausbildung keine groben Fehler passieren. (Foto: tierfotoagentur.de/C. Demmelbauer-Ebner)

Besser ist es, sein Fohlen etwas knapper, jedoch ausgewogen an Nährstoffen, aufzuziehen. Es entwickelt sich dann zwar langsamer als seine gemästeten Artgenossen, wird seine genetisch mögliche Endgröße aber trotzdem erreichen, eben nur etwas später, dafür gesünder und härter. Solche Pferde zeichnen sich oft durch Frische und Gesundheit bis ins hohe Lebensalter aus, können aber eben nicht dreijährig Hengstleistungs- beziehungsweise vierjährig Stutenleistungsprüfung gehen und ein Jahr später das Bundeschampionat gewinnen.

Wann wird das Fohlen geschlechtsreif?

Hier spielt die Rasse, aber auch die Fütterung eine Rolle. Üppig gefütterte Pony- und Kaltblutstutfohlen können bereits im Spätherbst des ersten Jahres geschlechtsreif werden. Viele Ponyhengste sind bereits mit einem halben Jahr befruchtungsfähig. Das plötzliche Wachstum der Hoden ist immer ein eindeutiges Signal. Im Allgemeinen muss bei allen Rassen spätestens im Februar des zweiten Jahres mit dem Eintritt der Geschlechtsreife gerechnet werden, bei Arabern und Araberkreuzungen meist etwas später.

Wie wächst das Fohlen?

Hierbei gilt die Faustformel: Frühestens nach 30 und spätestens nach 60 Tagen sollte ein Fohlen sein Geburtsgewicht verdoppelt haben.

Im ersten halben Jahr schießt das Fohlen geradezu in die Höhe. Mit sieben Monaten hat es rund 85 Prozent seiner endgültigen Größe erreicht. Ein Warmblutfohlen beispielsweise nimmt pro Tag etwa 800 Gramm zu und bringt mit einem Jahr zwei Drittel seines Endgewichts auf die Waage.

So entwickelt sich das Gewicht eines Warmblüters:

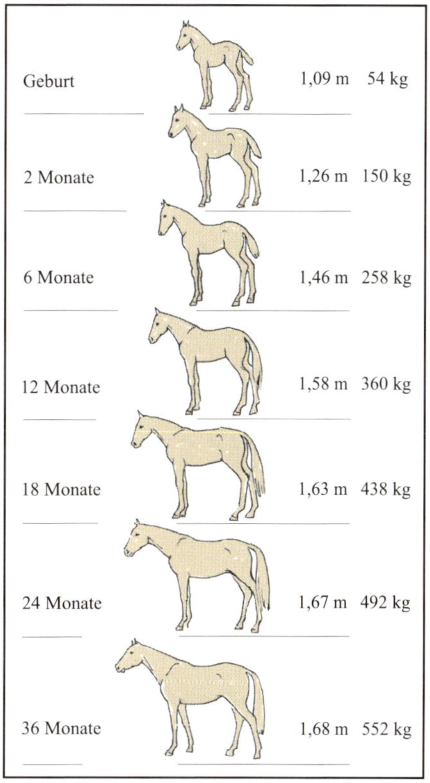

Durchschnittlicher Wachstumsverlauf der Fohlen bei guter, jedoch nicht übertriebener Aufzucht:

Nach Abschluss von	Gewicht	Widerristhöhe
Geburt	9 Prozent	61-64 Prozent
2. Monat	25 Prozent	70-74 Prozent
6. Monat	43 Prozent	83-86 Prozent
12. Monat	60 Prozent	91-93 Prozent
18. Monat	73 Prozent	94-96 Prozent
24. Monat	82 Prozent	96-98 Prozent
36. Monat	92 Prozent	97-99 Prozent

Angaben in Prozent des mit fünf bis sieben Jahren erreichten Endgewichts beziehungsweise der Endgröße.

(Quelle: Engelmann/Buurmann-Paul „Vom Fohlen zum Reit- und Fahrpferd")

Genau überprüfen, ob das Längenwachstum abgeschlossen ist, kann man nur anhand von Röntgenaufnahmen. Hieran erkennt der Tierarzt, ob sich die Wachstumszonen (Epiphysenfugen) der Röhrenknochen geschlossen haben.

Wer im Voraus wissen will, wie groß das Jungpferd einmal ungefähr werden wird, nimmt das Räuber- oder Zigeunermaß. Dazu nehmen Sie mit einer Schnur die Entfernung vom Ellbogen bis zum Fesselkopf; anschließend die Entfernung vom Ellbogen bis zum Widerrist. Das Fohlen wird in etwa um die Differenz dieser beiden Messungen wachsen.

So erkennen Sie, was aus Ihrem Fohlen wird

Bereits der Körper des Fohlens verrät, was uns später als Reiter Freude oder Sorgen bereiten wird. Die grundlegende Konstruktion des Knochengerüstes, also die Winkel in Vor- und Hinterhand, bleiben ein Leben lang unverändert. Erhalten bleiben auch der Takt und die Schrittlänge. Was sich ändert, sind die Proportionen. Pferde wachsen stärker in die Länge als in die Höhe. Mit anderen Worten: Hat ein Fohlen bereits einen langen Rücken, wird er beim erwachsenen Pferd noch länger sein. Deshalb sollte ein Fohlen idealerweise die Form eines Hochrechtecks haben. Dann können Sie davon ausgehen, dass es auch als Reitpferd gut proportioniert sein wird.

Am besten können Sie Fohlen im Alter von drei Tagen, drei Wochen oder drei Monaten beurteilen, dann erst wieder mit drei Jahren. In der Zeit dazwischen wachsen die Jungtiere oft unproportioniert auseinander, mal sind sie vorne größer, dann wieder hinten. Nach dem dritten Monat verlieren sie deshalb auch die Gangqualität. Beurteilen Sie also beispielsweise die Schrittlänge beim jungen Fohlen. Sie bleibt in Relation zur Größe ein Leben lang gleich. Lassen Sie sich nicht verunsichern: Waren die Gänge anfangs schwungvoll und taktrein, werden sie das bei einer artgerechten Aufzucht auch später wieder sein.

Was für ein schöner Hals – ob es mal ein Dressurpferd wird? (Foto: C. Slawik)

So soll ein gutes Warmblutfohlen aussehen.

WICHTIGE ADRESSEN

Zuchtverbände

American Paint Horse Association:
Tel. + 1 8178342742, www.apha.com,
E-Mail: askapha@apha.com

American Quarter Horse Association: www.aqha.com

VZAP – Verband der Züchter und Freunde des Arabischen Pferdes e.V.:
Im Kanaleck 10, 30926 Seelze OT Lohnde,
Tel. 05137 93820 0, Fax: 05137 93820 10,
www.araberzuchtverband.de, E-Mail: info@vzap.org

ZSAA - Zuchtverband für Sportpferde arabischer Abstammung e.V.:
Postfach 1139, 36209 Alheim, Tel. 05664 7771,
Fax: 05664 7756, www.zsaa.org, E-Mail: buero@zsaa.de

ZAM – Zuchtverband für Anglo Araber und Araber Kreuzungen: Büro: Büeblihofstrasse 5, CH-5742 Kölliken, Tel. +41 +627233716, Fax: +41 +7233716, www.zam.ch, E-Mail: info@zam.ch

VFZ – PRE – Verein der Züchter und Freunde des Pferdes reiner spanischer Rasse e.V.:
Geschäftsstelle - Sonja Thomas,
Tel. 06762 961513, www.andalusierverein.de,
geschaeftsstelle@andalusierverein.de

ANCCE – Asociación Nacional de Criadores des Caballos de Pura Raza Española: Cortijo de Cuarto (Viejo), ESP-41014 Sevilla, Tel. +34 954 689260,
Fax: +34 954 690327, www.ancce.com,
E-Mail: ancce@ancce.com

Deutscher Pinto Zuchtverband e.V.:
Kurhessenstr. 21, 34626 Neukirchen-Krüll,
Tel. 06694 919425, Fax: 06694 919427,
E-Mail: pinto.dpzv@t-online.de, Pferdezuchtverband Baden-Württemberg e.V., Am Dolderbach 11,
72532 Gomadingen-Marbach, Tel. 073 85 9 69 02-0,
Fax: 073 85 9 69 02-20, www.pzv-bw.de,
E-Mail: poststelle@pzv.bwl.de

Landesverband Bayerischer Pferdezüchter e.V.:
Landshammer Str. 11, 81929 München, Tel. 089 926967200, Fax: 089 907405, www.bayerns-pferde.de,
E-Mail: info@bayerns-pferde.de

VFZB - Verein der Freunde und Züchter des Berberpferdes e.V., Geschäftsstelle,
Silke Ludes, Kapellenstr. 8, 54316 Franzenheim,
Tel. 06588 992890, Fax: 03212 1276835,
www.vfzb.de, E-Mail: info@vfzb.de

Camarguepferde Deutschland e.V.:
c/o Susanne Renker, Capitelshof, Titzerstr. 1,
52445 Titz, Tel. 02463 7136, www.camarguepferde-deutschland.de, E-Mail: info@camarguepferde-deutschland.de

Pferdezuchtverband Brandenburg-Anhalt e.V.:
Hauptgestüt 10 a, 16845 Neustadt/Dosse, Tel. 033970 13201, Fax: 033970 13949, www.pferde-brandenburg-anhalt.de, E-Mail: neustadt@pzvba.de

Schweizerischer Freibergerverband (SFV):
Les Longs Prés, Postfach 190, CH-1580 Avenches/VD,
Tel. +41 26 6766343, Fax: +41 26 6766341,
www.fm-ch.ch, E-Mail: info@fm-ch.ch

FPZV - Friesenpferde-Zuchtverband e.V.:
Burger Hauptstr. 14b, 35745 Herborn-Burg,
Tel: 0 27 72 92 42 38, Fax: 0 27 72 92 42 39,

www.friesenpferde-zuchtverband.de, E-Mail: info@friesenpferde-zuchtverband.de

DFZ e.V. – Deutsche Friesenpferdezüchter im K.F.P.S.: Geschäftsstelle, Poppauer Str. 36, 38486 Klötze, Tel.: 03909 481982, Fax: 03909 481983, www.df-z.de, E-mail: info@df-z.de

IGV – Internationale Gangpferdevereinigung e.V.: Carolin Jost-Kilbert, Steinbruchweg 1, 97836 Bischbrunn, Tel. 0151 54856468, www.igv-online.de, E-Mail: carolin.jost-kilbert@igv-online.de

Westfälischer Haflingerverein e.V.: Sudmühlenstr. 33, 48157 Münster-Handorf, Robert Schröer (1. Vorsitzender), Hörsteler Str. 37, 49509 Recke, Tel. 05453 8293 oder 0171 7752308, Fax: 05453 80324, www.haflingervereine.de

Hannoveraner Verband e. V.: Lindhooper Straße 92, 27283 Verden, Tel. 04231 6730, Fax: 04231 67312, www.hannoveraner.com, E-Mail: hannoveraner@hannoveraner.com

Hannoveraner Bezirksverband Hessen – Süddeutschland im Hannoveraner Verband e.V.: Pferdezentrum Alsfeld, An der Hessenhalle 5, 36304 Alsfeld, Tel. 06631 96550, Fax: 06631 965523, www.pferdezucht-hessen.de, E-Mail: info@pferdezucht-hessen.de,

Verband der Züchter des Holsteiner Pferdes e.V.: Abteilung Zucht, Steenbeker Weg 151, 24106 Kiel, Tel. 0431 305996 0, Fax: 0431 336142, www.holsteiner-verband.de, E-Mail: info@holsteiner-verband.de

Stammbuch für Kaltblutpferde Niedersachsen e.V.: Wilhelm-Seedorf-Str. 3, 29525 Uelzen, Tel. 0581 8073 26, Fax: 0581 8073 60, www.kaltblutpferde-nds.de, E-Mail: info@kaltblutpferde-nds.de

Bayerischer Zuchtverband für Kleinpferde und Spezialpferderassen e.V.: Landshamer Straße 11, 81929 München, Tel.: 089 92 69 67 350, Fax: 089 92 69 67 355, www.kleinpferde-und-spezialpferderassen.de, E-Mail: melanie.guenther@kleinpferde-und-spezialpferderassen.de

Verband der Pferdezüchter in Mecklenburg-Vorpommern e.V.: Charles-Darwin-Ring 4, 18059 Rostock, Tel.: 0381 440 33 87 0, Fax: 0381 440 33 87 7, www.pferdezuchtverband-mv.de, E-Mail: info@pferdezuchtverband-mv.de

Verband der Züchter des Oldenburger Pferdes e.V.: Grafenhorststr. 5, 49377 Vechta, Tel. 04441 9355 0, Fax: 04441 9355 99, www.oldenburger-pferde.com, E-Mail: info@oldenburger-pferde.com

Zuchtverband für das Ostfriesische und Alt-Oldenburger Pferd e.V.: Geschäftsstelle: Bahnbreede 25, 33824 Werther, Tel. 0 52 03 88 40 33, Fax: 0 52 03 88 40 34, www.ostfriesen-alt-oldenburger.de, E-Mail: info@ostfriesen-alt-oldenburger.de

Paso Peruano Europa e.V.: Kerstin Estor, Weidenhausen 34, 35260 Stadtallendorf, Tel: 0 6429 1458, www.paso-peruano.de

Geschäftsstelle Pasopferde Verband e.V.: Max Löw Str 16, 85579 Neubiberg, Tel. 0896010208, Fax: 0896010208, www.pasopferde-verband.de, E-Mail: mvg@pasopferde-verband.de

Verband der Pony- und Kleinpferdezüchter Hannover e.V.: Vor den Höfen 32, 31303 Burgdorf, Tel. 0 51 36 97 03 90 3, Fax: 05136 97 04 53 4, www.ponyhannover.de, E-Mail: ponyverbandhannover@t-online.de

Verband der Pony- und Pferdezüchter Hessen e.V.: Pfützenstr. 67, 64347 Griesheim, Tel. 06155 8256934, Fax: 06155 18256935, www.ponyverband.de, E-Mail: vphessen@t-online.de

Deutsche Quarter Horse Association: Daimlerstr. 22, 63741 Aschaffenburg, Tel. 06021 58 45 9 0, Fax: 06021

58 45 9 79, Zucht: Annette Riedel, Tel.: 06021 58459 14, E-Mail: annette.riedel@dqha.de, www.dqha.de, E-Mail: info@dqha.de

Rheinisches Pferdestammbuch e.V.: Schloss Wickrath 7, 41189 Mönchengladbach, Tel. 02166 6219110, Fax: 02166 6219120, www.pferdezucht-rheinland.de, E-Mail: ib@pferdezucht-rheinland.de

Pferdezuchtverband Rheinland-Pfalz-Saar e.V.:
Pferdezentrum, Am Fohlenhof 1,
67816 Standenbühl , Tel. 06357 9750 0,
Fax: 06357 9750 25, www.pferdezucht-rps.de,
E-Mail: zentrale@pferdezucht-rps.de

Pferdezuchtverband Sachsen-Thüringen e.V.:
Sachsen: Geschäftsstelle Moritzburg, Käthe-Kollwitz-Platz 2, 01468 Moritzburg, Tel.: 035207 89630,
Fax: 035207 89640
Thüringen: Geschäftsstelle Weimar, Im Boden 1, 99428 Weimar OT Legefeld, Tel. 03643 24880,
Fax: 03643 248815, www.pferde-sachsen-thueringen.de,
E-Mail: info@pzvst.de

Pferdezuchtverband Sachsen-Anhalt – nun Brandenburg-Anhalt e.V.: Geschäftsstelle Stendal: Uenglinger Str. 54, 39576 Stendal,
Tel. 03931 215 490, Fax: 03931 215 494, www.pferde-brandenburg-anhalt.de, E-Mail: stendal@pzvba.de

Pferdestammbuch Schleswig-Holstein / Hamburg e. V.: Steenbeker Weg 151, 24106 Kiel, Tel: 0431 33 17 76, Fax: 0431 33 61 42, www.pferdestammbuch-sh.de,
E-Mail: info@pferdestammbuch-sh.de

Deutscher Shire Horse Verein e.V.:
Melanie Hille, Noltenweg 2, 32457 Porta Westfalica,
Tel. 05706 9413263, Fax: 05706 9413264,
www.shire-horse-germany.de, E-Mail: hille@dshv.de

Hauptverband für Traberzucht e.V.:
Mariendorfer Damm 222-298, 12107 Berlin,
Tel. 030 743048 0, Fax: 030 743048 150,
www.hvt.de, E-Mail: hvt-info@hvt.de

Verband der Züchter und Freunde des Ostpreußischen Warmblutpferdes Trakehner Abstammung:
Rendsburger Straße 178, 24537 Neumünster,
Tel. 04321 90270, Fax: 04321 902719, www.trakehner-verband.de, E-Mail: info@trakehner-verband.de

Pferdestammbuch Weser-Ems e.V.:
Grafenhorststr. 5, 49377 Vechta,
Tel. 04441 9355 0, Fax: 04441 9355 29, www.psbwe.de,
E-Mail: info@pferdestammbuch.com

Westfälisches Pferdestammbuch e.V.:
Sudmühlenstr. 33, 48157 Münster, Tel. 0251 32 809 0,
Fax: 0251 32 809 24, www.westfalenpferde.de,
E-Mail: info@westfalenpferde.de

Zuchtverband für deutsche Pferde e.V.:
Am Allerufer 28, 27283 Verden/Aller, Tel. 04231 82892,
Fax: 04231 5780, www.zfdp.de, E-Mail: info@zfdp.de

Interessengemeinschaft Zugpferde e.V.:
Beate Niebauer, Friedrichstr. 2, 63776 Mömbris,
Tel. 06029 7042462, Fax: 06029 994279,
www.ig-zugpferde.de, E-Mail: info@ig-zugpferde.de

Direktorium für Vollblutzucht und Rennen e.V.:
Rennbahnstraße 154, 50737 Köln, Tel. 0221 7498 50,
Fax: 0221 7498 68 69, www.vollblut.de, www.direktorium.de, E-Mail: info@direktorium.de

Ammendienste

Ammenstuten-Notdienst der Tierklinik Sottrum:
27367 Sottrum, Tel. 04264 35 61, Beratung und bei Bedarf Behandlung: Klinik Sottrum, Tel. 04264 29 45

Salvana-Fohlennotdienst:
Tel. 0 41 21 8 04 61

Ammenstutenservice Oldenburg:
Tel. 04 41 9 80 610 oder 0177 6 57 00 92

Ammenstutendienst des Haflingerhofes:
Westrich in Rutsweiler an der Lauter, Tel. 0 63 04 51 55

Fohlennotdienst Lüneburger Heide: Tel. 05806 263, Mobil: 0171 8328649, 29576 Tätendorf-Eppensen

SOS Fohlen: Schweiz, Matile GmbH, Tel. 0041 31 331 83 83, www.horses.ch

Gestüt Schellbach: Kirschweg 50, 06712 Schellbach, Tel. 0172 3662983, E-Mail: info@gestuet-schellbach.de

Ammenstutendienst Tierklinik Hochmoor: Tierklinik Hochmoor, Von Braun Str. 10, 48712 Gescher-Hochmoor, Tel. 02863 20990, www.Tierklinik-Hochmoor.de, E-Mail: info@tierklinik-hochmoor.de

Fohlen-Waisenhaus: Wischmöhlenweg 21, 25436 Tornesch, Tel. 04122 56 414, E-Mail: Reitstall-Sternberg@web.de

Happy Horse Farm: Jan-Oliver Becker, Blekendorfer Berg 10d, 24327 Blekendorf, Tel. 04381 9560, Fax: 04381 418511, 24h Fohlen-Notfall-Telefon: 0174 9193919, www.happy-horse-farm.de, E-Mail: info@happy-horse-farm.de

Westfalenpferde: Annette Schürmann, Tel. 0251 32809 15, Fax: 0251 3280994, www.westfalenpferde.de/de/stuten/ammendienst.php, E-Mail: schuermann@westfalenpferde.de

Ammendienste online:

www.pferde-notruf.de
www.ig-zugpferde.de/ammendienst, (Tel. 02332 659523 oder 0178 7125715)
www.vetmeduni.ac.at/de/tierspital/kliniken/kleintiere/geburtshilfe-gynaekologie-andrologie/fohlen/
www.koppel.de, (Tel. 02473 87965)

Futterberatung

Universität München: Tel. 089 2180 – 78780, Fax: 089 / 2180 - 78702, www.ernaehrung.vetmed.uni-muenchen.de/index.html, E-Mail: ernaehrungs-beratung@tiph.vetmed.uni-muenchen.de

Tierärztliche Hochschule Hannover: Institut für Tierernährung, Tel. 0511 8567366 oder -7458, Fax: 0511 8567675, www.tiho-hannover.de/kliniken-institute/institute/institut-fuer-tierernaehrung/profil-struktur/, E-Mail: josef.kamphues@tiho-hannover.de

Universität Leipzig: Institut für Tierernährung, Ernährungsschäden und Diätetik, Tel. 0341 9738372, http://tierernaehrung.vetmed.uni-leipzig.de/de/dienstleistungen, E-Mail: ingrid.vervuert@vetmed.uni-leipzig.de

Andere interessante Adressen

SOS-Fohlen-Notpaket: Besteht aus zwei fertigen Packungen mit Kolostrumersatz, das Immunglobuline für die ersten Stunden enthält, sowie 1,5 Kilogramm Fohlenmilchpulver für die ersten Tage und eine Saugflasche mit Schnuller. Bezug über Pavo-Pferdenahrung GmbH, Wiesenstraße 38, 47574 Goch, Tel. 02823 417535, Fax: 02823 417537

Salvana Tiernahrung GmbH: Fohlenmilchpulver, Rosenstraße 9, 25365 Klein-Offenseth Sparrieshoop, Tel. 04121 804 0, Fax: 04121 804 10, www.salvana-pferde.de/salvana-fohlenmilch.html, E-Mail: info@salvana-pferde.de

Matile GmbH: Datenbank für Kolostralmilch und Ammenstuten in der Schweiz, Notfalltelefon: Tel. 0041 31 331 83 83, www.horses.ch, E-Mail: info@horses.ch

IG Ammenhilfsdienst ... für alle Pferderassen!

Wenn Ihre Stute ihr Fohlen verloren hat oder das Fohlen die Mutter, dann soll Ihnen dieser Ammenhilfsdienst helfen, den richtigen Ersatz-Partner zu finden.